Francisco Tomaz Pacífico Júnior

Umweltverantwortung im Hotelgewerbe

Francisco Tomaz Pacífico Júnior

Umweltverantwortung im Hotelgewerbe

Eine Studie, die in der Stadt Mossoró/RN durchgeführt wurde

ScienciaScripts

Imprint
Any brand names and product names mentioned in this book are subject to trademark, brand or patent protection and are trademarks or registered trademarks of their respective holders. The use of brand names, product names, common names, trade names, product descriptions etc. even without a particular marking in this work is in no way to be construed to mean that such names may be regarded as unrestricted in respect of trademark and brand protection legislation and could thus be used by anyone.

Cover image: www.ingimage.com

This book is a translation from the original published under ISBN 978-620-2-04930-6.

Publisher:
Sciencia Scripts
is a trademark of
Dodo Books Indian Ocean Ltd. and OmniScriptum S.R.L publishing group

120 High Road, East Finchley, London, N2 9ED, United Kingdom
Str. Armeneasca 28/1, office 1, Chisinau MD-2012, Republic of Moldova, Europe
Printed at: see last page
ISBN: 978-620-7-24423-2

Copyright © Francisco Tomaz Pacífico Júnior
Copyright © 2024 Dodo Books Indian Ocean Ltd. and OmniScriptum S.R.L publishing group

ZUSAMMENFASSUNG

DANKSAGUNGEN 2
ZUSAMMENFASSUNG 4
1   EINFÜHRUNG 6
2   THEORETISCHER RAHMEN 15
3   METHODIK 45
4   ANALYSE UND DISKUSSION DER ERGEBNISSE 53
5   ABSCHLIESSENDE ÜBERLEGUNGEN 68
6   REFERENZEN 72
7   ANHÄNGE 80

Meinen Eltern, Francisco Tomaz Pacifico (*in memoriam*) und Francisca Ilma.

DANKSAGUNGEN

Egal, was wir im Laufe unseres Lebens tun, wir hätten es sicherlich nicht ohne die wirksame Beteiligung einer bedeutenden Anzahl von Menschen tun können. Indem ich mich an dieser Stelle an diese Menschen erinnere, möchte ich meine Dankbarkeit zum Ausdruck bringen und mich bei ihnen für all die Hilfe bedanken, die sie mir bei der Durchführung dieser Forschungsarbeit und der Fertigstellung dieser Dissertation gewährt haben. Mit dieser einfachen, aber aufrichtigen Geste möchte ich mich also bedanken:

Ich möchte Gott für die Gelegenheiten danken, die mir im Leben gegeben wurden, vor allem dafür, dass er mich während dieser mehr als 24 Kilometer langen Reisen und Fahrten während des Abschlusses dieses Masterstudiums beschützt hat, dafür, dass ich Menschen getroffen habe, die mich als Mensch nur bereichert haben, aber ich möchte ihm auch dafür danken, dass ich schwierige Momente durchlebt habe, Situationen, die grundlegend waren, um zu lernen und meinen Glauben zu testen.

Meinen Eltern, insbesondere meiner Mutter Francisca Ilma, denn ich weiß nicht, was aus mir geworden wäre ohne ihre Erziehung und dafür, dass sie ein lebendes Beispiel für einen Menschen mit Charakter und Ehrlichkeit ist. Du hast mich immer glauben lassen, dass ich die Beste sein kann. Ich liebe dich bedingungslos, Mama.

Ich möchte mich bei meiner Betreuerin, Professor Dr. Lais Karla da Silva Barreto, bedanken, die in einer Weise an mein Potenzial glaubte, die selbst ich nicht für möglich gehalten hätte. Sie war immer verfügbar und hilfsbereit und wollte, dass ich jede Sekunde während der Forschung nutze, um Wissen zu sammeln. Sie hat mir klar gemacht, dass hinter einer Dissertation viel mehr steckt als Forscher und Konsequenzen. Kurzum, sie war sicherlich ein grundlegender Bestandteil des Ergebnisses meiner wissenschaftlichen Arbeit.

Ich möchte mich auch bei all meinen Freunden bedanken, denn ich kann mit Überzeugung sagen, dass ich die besten an meiner Seite habe und dass sie mir in jeder Hinsicht geholfen haben. Insbesondere möchte ich mich bei Pablo Marlon und Alamo Duarte bedanken, ebenfalls Masterstudenten an dieser Einrichtung, die mir die Motivation gegeben haben, die ausschlaggebend dafür war, dass ich mein Studium erfolgreich abgeschlossen habe.

Ich möchte mich bei meinen Kommilitonen bedanken, die bei der Durchführung von Gruppenaktivitäten immer sehr hilfreich waren.

Ich möchte mich bei den von mir untersuchten Hotelunternehmen dafür bedanken, dass sie mir ihre Türen geöffnet haben, damit ich meine Forschung durchführen konnte.

Ich möchte der Universidade Potiguar - UnP für die Chance danken, die sie mir gegeben hat, für die Möglichkeit, meinen Traum von einem Master-Abschluss zu verwirklichen. Sie hat mir mehr gegeben als nur die Suche nach technischen und wissenschaftlichen Kenntnissen, sondern auch eine Lektion für das Leben.

Schließlich möchte ich auch denjenigen danken, die in irgendeiner Weise zu dieser Arbeit beigetragen haben. Menschen, die an mein Potenzial geglaubt, mich ermutigt und mich direkt oder indirekt auf diesem Weg begleitet haben.

"Ein Geist, der offen für eine neue Idee ist, kehrt nie zu seiner ursprünglichen Größe zurück.

(Albert Einstein).

ZUSAMMENFASSUNG

Der interdisziplinäre Bereich des Managements hält mit den organisatorischen Innovationen Schritt und diskutiert unter anderem nachhaltige Entwicklung und Umweltverantwortung als strategischen Schwerpunkt. Der Tourismus, der direkt mit der Umwelt verbunden und von ihr abhängig ist, ist eine der am schnellsten wachsenden Branchen der Welt. Mit einem Anteil von 9 % am internationalen BIP ist der Tourismus eine der wichtigsten Wirtschaftsbranchen der Welt. Als Teil der Tourismusindustrie ist der Hotelsektor direkt mit den aktuellen Umweltproblemen verbunden und hat einen erheblichen Einfluss auf die Umweltauswirkungen, da viele Hotelanlagen in Naturgebieten, historischen Städten und sogar in Regionen liegen, die durch Umweltvorschriften geschützt sind. Vor diesem Hintergrund zielt diese Untersuchung darauf ab, die Wahrnehmung der Manager von Hotelketten in Mossoró, Rio Grande do Norte, in Bezug auf die Umweltverantwortung der Unternehmen und die Praktiken der Nachhaltigkeit zu verstehen. Die Untersuchung basiert auf einer Fallstudie der vier wichtigsten Hotelunternehmen in der Stadt, die einen deskriptiven und qualitativen Ansatz verfolgt. Als Instrument zur Datenerhebung wurde ein halbstrukturiertes Interview-Skript nach Santos (2004) verwendet, das bei Managern angewendet wurde, die für Entscheidungen in Bezug auf Umweltpraktiken und Nachhaltigkeit verantwortlich sind, und anschließend einer Inhaltsanalyse unterzogen. Die Ergebnisse zeigen, dass es in den untersuchten Hotels keine formellen Umweltpraktiken gibt. Hinsichtlich der Vorteile der Einführung von Umweltpraktiken wurde festgestellt, dass sich die Aufmerksamkeit der Manager bei der Entwicklung dieser Praktiken eher auf die Senkung von Kosten und Effizienz konzentriert. Was die Hindernisse betrifft, so wurden die Schwierigkeiten bei der Sensibilisierung des Hotelpersonals und der Widerstand gegen Veränderungen als die größten Probleme genannt. Bei der Datenerhebung wurden von den Befragten mehrere Maßnahmen zur Umwelterziehung hervorgehoben, darunter der Vorschlag an die Gäste, ihre Handtücher wiederzuverwenden, um die Wassereinsparungen beim Waschen zu erhöhen, Aufklärungsgespräche für die Mitarbeiter sowie Maßnahmen zur Senkung des Wasser- und Energieverbrauchs und zur Abwasserbehandlung und Mülltrennung. Es ist wichtig, die Notwendigkeit weiterer Untersuchungen zur Umweltverantwortung in den Unternehmen der Stadt zu betonen, um Unternehmer und Kunden für die Notwendigkeit zu sensibilisieren, eine solide und dauerhafte soziale und ökologische Einstellung zu erwerben und zu erhalten.

Schlüsselwörter: Umweltverantwortung. Tourismus. Gastfreundschaft.

1 EINFÜHRUNG

In der Einleitung wird das Thema Umweltfragen im aktuellen Szenario der mit dem Tourismus und dem Gastgewerbe verbundenen Organisationen erörtert, und es wird dargelegt, wie sie sich mit den Herausforderungen des Schutzes der natürlichen Ressourcen und der Umwelt sowie mit der Suche nach einem Wettbewerbsvorteil in einem zunehmend wettbewerbsorientierten Markt auseinandersetzen. Anschließend werden die Problemstellung, die Ziele, die Begründung und die Struktur der Arbeit vorgestellt.

1.1 KONTEXTUALISIERUNG

Das Erkennen künftiger Trends und die Vorwegnahme von Marktveränderungen sind zu entscheidenden Faktoren für die Wettbewerbsfähigkeit von Organisationen geworden. Diese Faktoren sind entscheidend und grundlegend für den Umgang mit Ungewissheit, für die kreative und schnelle Anpassung an wichtige Veränderungen, für die Nutzung unerwarteter Chancen und damit für die Sicherung des Vorsprungs in einer zunehmend flexiblen und dynamischen Wirtschaft.

Der Fachbereich Verwaltung hält mit den organisatorischen Neuerungen Schritt und diskutiert unter anderem nachhaltige Entwicklung und Umweltverantwortung als strategischen Schwerpunkt.

Die Umwelt und damit zusammenhängende Fragen sind das Ziel mehrerer Autoren aus verschiedenen Wissensgebieten. In diesen Ansätzen sind Komplexität, systemische Vision, Rekursion und Interdisziplinarität Voraussetzungen für die neue Weltsicht, die auf eine nachhaltige Entwicklung abzielt (GIESTA, 2013).

Die Auswirkungen des durch die Industrialisierung verursachten ökologischen Ungleichgewichts nehmen täglich zu und haben Folgen für die gesamte Produktionskette, von der Rohstoffgewinnung über die Herstellung von Produkten bis hin zu deren Vertrieb über Pipelines. Die Auswirkungen der immer stärker werdenden Umweltbelastungen haben zu einem allmählichen Anstieg des weltweiten Umweltbewusstseins geführt, was sich unmittelbar auf die Betriebsabläufe und das Verhalten der Unternehmen auswirkt (CAVALCANTI, 2006).

Auf diese Weise wird deutlich, dass die Umwelt im Laufe der Jahre nicht nur als Quelle von Ressourcen, sondern auch als zu bewahrendes Gut erkannt wurde.

Das Umweltbewusstsein der Unternehmen nimmt aus verschiedenen Gründen zu, vor allem aber, weil die Kunden eine immer rigidere Haltung gegenüber Unternehmen einnehmen, die auf dem Markt ein gutes Umweltimage haben, d. h. Unternehmen, die in ihren Prozessen nachhaltige Maßnahmen ergreifen und daran interessiert sind, die Umweltschäden sowohl bei der Herstellung ihrer Produkte als auch bei der Erbringung ihrer Dienstleistungen möglichst gering zu halten.

Umweltfragen und die Verknappung natürlicher Ressourcen sind seit langem ein Grund zur Besorgnis für Organisationen in aller Welt. Aus diesem Grund schenken Unternehmen in allen Wirtschaftszweigen der Umwelt große Aufmerksamkeit, insbesondere im Tourismus- und Gastgewerbe, da sie für ihr Überleben hauptsächlich von der natürlichen Umwelt abhängig sind. Angesichts der Notwendigkeit einer solchen neuen Einstellung sind die Unternehmen an Maßnahmen interessiert, die die Umweltbelastung verringern. Die Herausforderung besteht darin, wirtschaftliches Wachstum und soziale Entwicklung auf nachhaltige Weise mit der Umwelt und ihren natürlichen Ressourcen in Einklang zu bringen und dabei die von den Umweltnormen und -gesetzen geforderten Kriterien einzuhalten.

Da es sich um eine Tätigkeit handelt, deren Existenz fast ausschließlich von natürlichen Ressourcen abhängt, erfordert der Tourismus nachhaltige Planungsmethoden und Umweltmanagementsysteme, Prozesse, die für eine harmonische Entwicklung des Tourismus unerlässlich sind (BORGES, 2011).

Der Tourismus ist eine der am schnellsten wachsenden Branchen der Welt. Nach Angaben der Welttourismusorganisation (UNWTO, 2015) überstieg die Zahl der Menschen, die Tourismus betreiben, im Jahr 2014 eine Milliarde, und zum ersten Mal wurde die internationale Wirtschaft um 1,5 Billionen US-Dollar bewegt, eine Tatsache, die das Wachstum dieses Segments unterstreicht.

Was die Auswirkungen des Tourismus auf die brasilianische Wirtschaft betrifft, so geht aus dem Nationalen Tourismusplan (PNT) (2015) hervor, dass das touristische BIP Brasiliens laut *World Trade Tourism Council* (WTTC) (2015) weltweit an sechster Stelle steht, hinter Ländern wie den Vereinigten Staaten, China, Japan, Frankreich und Italien. Zusätzlich zu seiner privilegierten Position in der Rangliste hofft die brasilianische Regierung, nach Großveranstaltungen im Land, wie der Fußballweltmeisterschaft 2014 und den Olympischen Spielen 2016, den dritten Platz zu erreichen. Laut der Prognose im WTTC-Bericht (2015) dürfte Brasilien bis 2022 Frankreich in Bezug auf die Auswirkungen des Tourismus auf das BIP überholen, aber die brasilianische Regierung rechnet mit dem dritten Platz, noch vor Japan.

Auf den Tourismus entfallen bereits 3,7 % des brasilianischen Bruttoinlandsprodukts (BIP). Von 2003 bis 2009 wuchs der Sektor um 32,4 %, während die brasilianische Wirtschaft um 24,6 % wuchs (MTUR, 2014). Allerdings müssen alle Akteure des Tourismussektors ihre Kräfte bündeln, um dem Land die Position zu sichern, die es wirklich verdient, vor allem wenn man Faktoren wie die Größe des Kontinents, seine geografische Lage, sein reiches natürliches, kulturelles und historisches Erbe sowie seine große biologische Vielfalt berücksichtigt.

Nach Abreu (2001) hat der brasilianische Tourismus zwar bereits einen festen Platz in der nationalen Wirtschaftspolitik eingenommen, aber es bleibt noch viel zu tun, um die Position unseres Landes in diesem Wettbewerb zu verbessern und es darauf vorzubereiten, einer immer anspruchsvolleren Klientel qualitativ hochwertige Dienstleistungen anzubieten.

Aus den obigen Informationen lässt sich schließen, dass der Tourismussektor eine bedeutende Stellung in der Wirtschaft mehrerer Länder einnimmt, und dieser Tätigkeit sollte die gebührende Aufmerksamkeit zuteil werden, da es sich um einen Wirtschaftssektor handelt, der wie so viele andere, sei es im primären, sekundären oder tertiären Sektor, sowohl Befürworter als auch Kritiker hat.

In Bezug auf die Autoren, die an die Vorteile des Tourismussektors glauben, geben Medeiros und Morais (2013) folgende Informationen: Seit den Anfängen des Tourismus gilt der Tourismussektor als umweltfreundlich, insbesondere im Vergleich zu anderen Wirtschaftszweigen, die beispielsweise natürliche Ressourcen abbauen müssen, um ihre Produkte herzustellen oder ihre Dienstleistungen anzubieten.

Andere Autoren (CRUZ, 2001; Barbieri 2007; CAON, 2008; TUNG & AYCAN, 2008, u.a.) sind jedoch der Meinung, dass der Tourismus, auch wenn er nicht die Entnahme natürlicher Ressourcen erfordert, diese Ressourcen für seine Existenz benötigt, und dass er, wenn er auf nicht nachhaltige Weise betrieben wird, irreversible Auswirkungen auf die Umwelt haben kann.

Cruz (2001) zeigt einige der Auswirkungen auf, die unorganisierte touristische Aktivitäten haben können:

- Vermehrtes Aufkommen von festen Abfällen;
- Erhöhte Nachfrage nach Strom;
- Zunehmender Fahrzeugverkehr, der die Luftqualität beeinträchtigt;

- Verschlammung der Küste durch menschliche Eingriffe mit Zerstörung der Korallen;
- Verschmutzung von Fluss- und Meerwasser durch die Zunahme von ungeklärten Abwässern;
- Veränderungen in der Lebensweise der einheimischen Bevölkerung;
- Verschlechterung des Landschaftsbildes, u. a. durch unzureichende Bebauung.

Andererseits kann der Tourismus bei sorgfältiger Planung und guten Praktiken zu einer nachhaltigen Entwicklung beitragen. In der Literatur finden sich immer mehr Belege für die Bemühungen von Tourismusunternehmen, die Umweltverschmutzung zu reduzieren und die Nachhaltigkeit ihrer Unternehmen zu verbessern, darunter auch Null-Abfall-Initiativen (PANATE, 2015).

Der Tourismus hat sich als treibende Kraft für die Entwicklung lokaler Gemeinschaften und die Armutsbekämpfung in weniger entwickelten Ländern erwiesen (IVANOV, 2012).

Neben der Entwicklung der lokalen Gemeinschaft verdient auch ein anderer Aspekt des Tourismus besondere Aufmerksamkeit: der Umweltaspekt, da es sich um eine endliche Ressource handelt, die im Rahmen des Strebens nach Spitzenleistungen bei den angebotenen Dienstleistungen durch die immer strengeren Anforderungen der Kunden an umweltschonende Dienstleistungen zum Ausdruck kommt.

Als Teil der Tourismusbranche ist das Hotelgewerbe direkt mit den aktuellen Umweltproblemen verbunden und hat einen erheblichen Einfluss auf die Umweltauswirkungen, da sich viele Hotelanlagen in Naturgebieten, historischen Städten und sogar in Regionen befinden, die durch Umweltgesetze geschützt sind (CAON, 2008).

Das Hotelgewerbe hat sich zunehmend diversifiziert, ist aggressiver geworden, und in einigen Häusern, ob große Hotelketten oder Familienbetriebe, hat das Management weniger traditionelle Gewohnheiten und Formen angenommen und legt mehr Wert auf Umweltfragen (VARUM et al., 2011).

Der Hotelsektor in Brasilien hat in den letzten zehn Jahren einen großen konzeptionellen Wandel erfahren. Eine der wichtigsten Maßnahmen, die in der Hotelklassifizierungsmatrix enthalten sind, ist das Umweltmanagement.

Das Hotel sowie andere produktive und dienstleistende Tätigkeiten nehmen Raum in einem bestimmten Umfeld ein, das physische und betriebliche Einrichtungen umfasst, die Abfälle erzeugen und Umweltauswirkungen verursachen, die dieses Umfeld in irgendeiner Weise beeinträchtigen, und je nach den Bedenken während der Projektkonzeption, des

Baus und des Betriebs können diese Auswirkungen unterschiedlich aggressiv sein und können dauerhaft, häufig, sporadisch oder selten sein. Je nach Fall kann die Sanierung oder Wiederherstellung dieser Umwelt irreversibel werden (ALVES, 2012).

Durch die Einführung und Umsetzung bewusster und verantwortungsvoller Umweltmanagementpraktiken wird die Organisation in der Lage sein, nicht nur die direkten Umweltrisiken, sondern auch die Risiken im Zusammenhang mit dem institutionellen Image der Einrichtung zu minimieren (VALLE, 1995).

Heute zeigen nicht nur die großen Hotelunternehmen, sondern auch die kleinen Unternehmen des Tourismussektors durch ihre Betriebsverfahren, dass sie sich um die Umwelt kümmern. Diese Verfahren werden durch die Umsetzung eines strategischen Managements - EMS - in ihren Produktionsketten durchgeführt, und je nach Umfang der erwarteten Auswirkungen entwickeln sie das Betriebshandbuch für das Umweltmanagementsystem, das alle Verfahren und Ressourcen für die Planung, Umsetzung und Aufrechterhaltung der Umweltpolitik enthält.

Ausgehend von den oben genannten Informationen kann davon ausgegangen werden, dass die Hotelunternehmen in ihren Betriebsabläufen Maßnahmen zur Entwicklung nachhaltiger Verfahren ergreifen müssen, indem sie in ihren Betrieben Umweltmanagementsysteme einführen, die ihnen helfen, die Umweltvorschriften einzuhalten, und ihre Tätigkeiten so anpassen, dass sie sich in die Umweltzertifizierung einfügen, wodurch sie einen Wettbewerbsvorteil gegenüber ihren Konkurrenten erlangen und folglich die erforderlichen Maßnahmen zum Schutz der Umwelt ergreifen können.

Obwohl der Tourismus als eine der wichtigsten Aktivitäten gilt, die für das sozioökonomische und kulturelle Wachstum einer Region verantwortlich sind, handelt es sich bei diesem Segment um ein neues Studiengebiet innerhalb der Humanwissenschaften. Es ist auch erwähnenswert, dass diese Aktivität mehrere Bedingungen in sich birgt, die mit dem Bewusstsein für die Umwelt verbunden sind.

Auch wenn der Tourismus nicht direkt mit Umweltschäden verbunden ist, können die Folgen einer schlechten Planung zu irreversiblen Umweltproblemen führen. Wie Barbieri (2007) betont, erfordert die Lösung oder Minimierung von Umweltproblemen organisatorische Veränderungen und einen Bewusstseinswandel bei den Managern, die beginnen müssen, bei ihren Entscheidungen die Umwelt zu berücksichtigen und administrative, soziale und technologische Verfahren anzuwenden, die dazu beitragen, die Belastbarkeit der Umwelt zu maximieren.

1.2 PROBLEMATISIERUNG

Ausgehend von den oben genannten Informationen und in Anbetracht der Tatsache, dass Umweltfragen heutzutage immer mehr in den Mittelpunkt rücken, sei es aus Gründen, die mit dem Druck zusammenhängen, den die Regierungen auf die Organisationen ausüben, dem Druck, der auf verschiedene Weise ausgeübt wird, sei es durch die Schaffung von Gesetzen oder die Verabschiedung von Maßnahmen, die die Sorge um die Umwelt zum Ausdruck bringen, oder die Verabschiedung von Maßnahmen, die sicherstellen sollen, dass die Unternehmen eine Haltung einnehmen, die ihre Sorge um die Erhaltung der Umwelt zum Ausdruck bringt, oder auch die Sensibilisierung der Gesellschaft für das Auftauchen von Kunden, die zunehmend nach umweltfreundlichen Produkten und Dienstleistungen suchen.

In Anbetracht der obigen Ausführungen lautet die zentrale Fragestellung dieser Untersuchung: **Wie stehen die Manager von Hotelunternehmen in Mossoró, Rio Grande do Norte, zur Umweltverantwortung von Unternehmen und zu Nachhaltigkeitspraktiken?**

1.3 ZIELE

1.3.1 Allgemein

Die Wahrnehmung von Hotelkettenmanagern in Mossoró, Rio Grande do Norte, in Bezug auf die Umweltverantwortung von Unternehmen und Nachhaltigkeitspraktiken zu verstehen.

1.3.2 Besonderheiten

- Analyse und Beschreibung der Umweltmanagement- und Nachhaltigkeitspraktiken, die von den Managern der wichtigsten Hotelbetriebe in der Gemeinde Mossoró, Rio Grande do Norte, umgesetzt werden;

- Ermittlung der Vorteile und Herausforderungen bei der Umsetzung von Umweltpraktiken aus der Sicht der Manager;

- Herausfinden, welche Maßnahmen zur Umwelterziehung ergriffen werden und wie sie an die Fachleute und Kunden der untersuchten Organisationen weitergegeben werden.

1.4 HINTERGRUND

Mossoró ist die zweitbevölkerungsreichste Gemeinde im Bundesstaat Rio Grande do Norte und liegt strategisch günstig zwischen den beiden wichtigen Hauptstädten des

Nordostens, Natal und Fortaleza, 260 km von letzterer und 275 km von der Hauptstadt Natal entfernt. Die Stadt ist jeden Tag der Woche in Bewegung, so dass die Unterkünfte in der Stadt in jedem Monat des Jahres und nicht nur in der Hochsaison gut besucht sind. Diese Region liegt im mittleren Westen des Bundesstaates und hat eine flache Geographie. Ihr Name ist eine Anspielung auf die örtlichen Landschaften, in denen Dünen und Salzsümpfe mit riesigen weißen Hügeln vorherrschen (PORTAL, 2015).

Die Gemeinde Mossoró gilt als Drehscheibe, da sie als Referenz und Unterstützung für mehrere benachbarte Gemeinden dient. Im Jahr 2014 hatte sie laut IBGE-Daten (2014) rund 284.288 Einwohner. Damit ist sie die 20. größte Stadt im Nordosten, in einer Übergangsregion zwischen der Küste und dem Hinterland, 42 Kilometer von der Küste entfernt.

In der Wirtschaft der Stadt war der Salzabbau schon immer ein wichtiger Wirtschaftszweig. Mit der anschließenden Ausbeutung des Erdöls erlebte die Stadt jedoch eine große wirtschaftliche und soziale Entwicklung.

Bis Mitte der 1980er Jahre stützte sich die Wirtschaft von Mossoró hauptsächlich auf die lokale Salzindustrie, die auch heute noch 60 Prozent des im Land verbrauchten Produkts liefert. Zu dieser Zeit wurde der Melonenanbau eingeführt, der heute mehr als sechzigtausend Menschen beschäftigt. Im darauffolgenden Jahrzehnt veränderten die Öllizenzgebühren die Wirtschaft der Stadt (COUTINHO, 2010).

Diese Aktivitäten fördern auch den Tourismus in der Stadt, insbesondere das Segment des Geschäftstourismus. Parallel zum Wirtschaftswachstum hat die Tourismusbranche in Mossoró in den letzten Jahren ein sichtbares Wachstum verzeichnet, insbesondere im Bereich des Kulturtourismus.

Die drei großen Theatervorstellungen, die in der Stadt stattfinden, lassen die Besucher die Geschichte der Stadt erleben. Sie sind Chuva de Bala no Pais de Mossoró, das die Geschichte der Niederlage Lampiaos beim Einmarsch in die Stadt erzählt; Auto da Liberdade, das die Abschaffung der Sklaverei und die Befreiung der Sklaven in Mossoró vor dem Aurea-Gesetz darstellt; und Oratòrio de Santa Luzia, das die Geschichte des Schutzheiligen der Stadt erzählt.

Neben diesen kulturellen Veranstaltungen zeichnet sich Mossoró auch durch die "Mossoró Cidade Junina" aus, eine Großveranstaltung, die im Juni stattfindet und auf die Feierlichkeiten des Junifestes anspielt. Diese Veranstaltung hat sich den Titel der wichtigsten kulturellen Attraktion der Stadt verdient, die in der Lage ist, einen großen Teil der Bevölkerung zu mobilisieren und auch eine bedeutende Anzahl von Touristen anzuziehen (MOSSORÓ, 2015).

Die Gemeinde hat zwar nicht viele touristische Attraktionen mit schönen Naturlandschaften zu bieten. Mossoró hat ein großes touristisches Potenzial im Bereich des Geschäftstourismus. Wie bereits erwähnt, verfügt die Stadt über eine privilegierte Lage und empfängt im Rahmen ihrer wirtschaftlichen Aktivitäten Handelsvertreter und Fachkräfte aus dem ganzen Land. Das bedeutet, dass die Hotels der Stadt das ganze Jahr über zu fast 100 % ausgelastet sind.

Parallel zum Anstieg der Nachfrage nach dem so genannten Geschäftstourismus und unter Berücksichtigung der aktuellen Sorge der Organisationen um die Erhaltung der Umwelt führen Hotels in verschiedenen Ländern auch ein Umweltmanagement in ihre täglichen Aktivitäten ein, da sie auf bedrohte natürliche Ressourcen angewiesen sind, um ihre Aktivitäten fortsetzen zu können.

Die Bedeutung dieser Studie liegt in der Tatsache, dass Diskussionen über die Sorge um die Erhaltung der Umwelt im täglichen Leben immer präsenter werden, ebenso wie der wachsende Druck, der von Regierungen ausgeübt wird, um Umweltpraktiken in Unternehmen verschiedener Größen und Segmente in der ganzen Welt einzuführen.

Für die Unternehmen geht es darum, den Managern ein stärkeres Bewusstsein für die Unternehmensumwelt zu vermitteln, was sich seit dem Aufkommen von Normen wie beispielsweise der ISO 14000, einer von der *Internationalen Organisation für Normung* (ISO) entwickelten Normenreihe, die Leitlinien für das Umweltmanagement in Unternehmen festlegt, intensiviert hat. In Brasilien war das erste zertifizierte Unternehmen die Bahia Sul Celulose S.A. im Jahr 1996. Hier wird die Zertifizierung von der brasilianischen Vereinigung für technische Normen (ABNT) verwaltet und wurde daher ABNT NBR ISO 14001 genannt.

Die Forschung ist auch für die Wissenschaft von Bedeutung, da sie neue empirische Beiträge zum Thema liefert; und sie ist für den Autor von Bedeutung, da sie es ihm ermöglicht, die Konzepte und Vorteile der Umweltverantwortung zu verstehen und als Verfechter von Umweltanliegen zu handeln, indem er das Kriterium der Verantwortung gegenüber den natürlichen Ressourcen als unverzichtbar für Unternehmen beim Erwerb von Produkten oder Dienstleistungen verwendet.

1.5 ARBEITSSTRUKTUR

Diese Untersuchung ist in fünf Abschnitte gegliedert, die wie folgt unterteilt sind:

Einleitung; theoretischer Rahmen; methodische Verfahren; Darstellung und Analyse der Ergebnisse und schließlich die abschließenden Überlegungen.

Der erste Abschnitt bezieht sich auf die Einleitung, in der der Kontext des Inhalts dieser Arbeit sowie die Problematik, die vorgeschlagenen Ziele (allgemein und spezifisch) und die Begründung, warum das Thema gewählt wurde, dargestellt werden.

Der zweite Teil besteht aus dem theoretischen Rahmen, in dem Themen im Zusammenhang mit Tourismus und Umwelt behandelt werden, wie z.B.: Nachhaltigkeit; die Ursprünge der nachhaltigen Entwicklung; die Beziehung zwischen Tourismus und Nachhaltigkeit; Umweltmanagement in Hotels; Umweltverantwortung von Unternehmen; Umweltmanagementsysteme und andere.

Im dritten Abschnitt dieser Studie werden die methodischen Verfahren vorgestellt, die sich auf die Art der Forschung, die Charakterisierung des Forschungsumfelds und der Probanden, die Erhebung, Verarbeitung und Analyse der Forschungsdaten (wie die Daten erhoben wurden, durch welche Verfahren und wie sie analysiert wurden) beziehen.

Im vierten Abschnitt werden die Forschungsergebnisse auf der Grundlage der vorgeschlagenen Ziele und der Studie sowie der Diskussionen auf der Grundlage des theoretischen Rahmens vorgestellt und analysiert.

Im fünften und letzten Teil der Arbeit werden schließlich die abschließenden Überlegungen der Studie vorgestellt, wobei die Ziele überprüft und mit den Endergebnissen verglichen werden; außerdem werden die Grenzen der Forschung aufgezeigt und Vorschläge für künftige Forschungen zum Thema Umweltverantwortung im Hotelsektor gemacht.

2 THEORETISCHER RAHMEN

Das Hauptziel dieser Studie ist es, die Wahrnehmung von Managern der Hotelkette Mossoró (RN) in Bezug auf ein Szenario von Corporate Environmental Responsibility und Nachhaltigkeitspraktiken zu ermitteln. Um jedoch die Wahrnehmung der Manager in Bezug auf die in bestimmten Hotelunternehmen angewandten Umweltmanagementtechniken erörtern zu können, ist es notwendig, dem Leser einen theoretischen Hintergrund über Tourismus (da die Untersuchung in Hotels durchgeführt wird), Nachhaltigkeit und Corporate Environmental Responsibility zu vermitteln.

Im ersten Teil dieser Referenz werden Konzepte der nachhaltigen Entwicklung aus der Sicht verschiedener Autoren vorgestellt. Außerdem wird auf die Anwendbarkeit der Nachhaltigkeit auf den Tourismus und das Gastgewerbe eingegangen. Neben der Behandlung des Konzepts des Tourismus von Anfang an der Tätigkeit, und konzentriert sich auf den Begriff: nachhaltiger Tourismus, sowie die Management-Praktiken, die von Hotelunternehmen und damit von Tourismus.

2.1 NACHHALTIGKEIT IM BEREICH TOURISMUS UND GASTGEWERBE

Die touristischen Aktivitäten entwickeln sich weltweit in zunehmendem Maße, und die Nachfrage aus Entwicklungsländern wie z. B. Brasilien steigt. Vor allem aufgrund seines Wachstumspotenzials und der Tatsache, dass der Tourismus ein Produkt ist, das nur *vor Ort* konsumiert werden kann, spielt dieser Wirtschaftszweig eine wichtige Rolle als lokale Entwicklungsstrategie (IVARS, 2003).

Laut Araújo (2010) haben die öffentlichen Behörden auf kommunaler, staatlicher und föderaler Ebene aufgrund der direkten und indirekten Auswirkungen des Tourismus auf die Wirtschaft eines jeden Landes so stark in diesen Wirtschaftssektor investiert.

Ausgehend von den vorgenannten Informationen ist es notwendig, dass Tourismusunternehmen auf allen Ebenen Umweltmaßnahmen und -praktiken einbeziehen, damit die durch wirtschaftliche Aktivitäten verursachten Umweltauswirkungen auf die Ressourcen der Natur minimiert werden können. Mit anderen Worten, dass eine nachhaltige Planung in Tourismusbetrieben durchgeführt werden kann.

2.1.1 Ursprünge der nachhaltigen Entwicklung oder Nachhaltigkeit

Es ist nicht neu, dass die menschliche Tätigkeit mit ihren technologischen Fortschritten negative Auswirkungen auf die Umwelt und damit auch auf die verfügbaren natürlichen Ressourcen hat. Ressourcen, die bis vor kurzem noch als unerschöpflich galten.

Cavalcanti (2003) zufolge wurde der Mensch nach der landwirtschaftlichen (18. Jahrhundert) und der industriellen (ab 1760) Revolution immer abhängiger von den Ressourcen, die ihm die Natur zur Verfügung stellte, und die Natur wurde zum Gegenstand der Manipulation und Umgestaltung durch den Menschen, um den Interessen der Menschheit zu dienen. Man kann also sagen, dass die ökologische Krise das Ergebnis einer menschlichen Entwicklung ist, die in ungeordneter Weise abläuft.

Der Verbrauch in der Gesellschaft nimmt ständig zu und erfordert immer mehr unermessliche Produktionsmittel sowie Logistik und Abfallentsorgung. Diese Mittel übersteigen die endlichen Kapazitäten des Planeten (DIAS, 2008).

Die Steigerung der Produktionskapazität hat die Menge der erzeugten Abfälle erhöht, insbesondere seit der industriellen Revolution, die zur Entstehung einer Vielzahl von Stoffen und Materialien geführt hat, die in der Natur nicht vorkamen (BARBIERI, 2007).

Wie bereits erwähnt, ist die Entwicklung der Menschheit mit der Verschlechterung der Umwelt verbunden, die durch die unbewusste Ausbeutung der natürlichen Ressourcen verursacht wird. Auf der Grundlage dieser Informationen zeigte die Gesellschaft um das 19. Jahrhundert herum ihre ersten Anzeichen der Sorge um den Planeten durch Demonstrationen zur Einrichtung von Nationalparks (COOPER, 2007).

Die Erkenntnis, dass die natürlichen Ressourcen erschöpfbar sind und dass bei der Produktion von Gütern und Dienstleistungen die Umwelt und die Gesellschaft berücksichtigt werden müssen, weckte die Sorge um mögliche Lösungen, die sowohl die soziale und ökologische Entwicklung als auch das wirtschaftliche und kulturelle Gleichgewicht umfassen könnten. Dies wurde später unter dem Begriff "nachhaltige Entwicklung" zusammengefasst. Es wurde immer deutlicher, dass ohne ein nachhaltiges Umweltbewusstsein die physische Umwelt und die Lebensqualität große Verluste erleiden oder sogar vollständig zerstört werden könnten (CARDOSO, 2005).

Aus der Sicht von Organisationen kann die nachhaltige Entwicklung, die vor allem als eine Reihe von Diskursen im globalen Kontext gesehen wird, Organisationen in strategischer Hinsicht direkt beeinflussen. Verschiedene Autoren haben sich mit diesem Thema befasst, wie z.B. Cardoso (2005); Camargo (2002); Cooper (2007); Tachizawa (2008); Deery und Fredline (2005), um nur einige zu nennen.

Nach Camargo (2002) wurde das Konzept der nachhaltigen Entwicklung erstmals durch Studien der Organisation der Vereinten Nationen (UNO) über den Klimawandel in den frühen 1970er Jahren vorgeschlagen, um die Sorgen der Menschheit angesichts der ökologischen und sozialen Krise, die die Welt seit der zweiten Hälfte des letzten Jahrhunderts erfasst hat, zu berücksichtigen.

Seitdem wurde eine Reihe von Veranstaltungen ins Leben gerufen, an denen Länder aus der ganzen Welt teilnahmen, die jeweils Vorschläge und Ziele zur Minimierung der durch ihr wirtschaftliches und soziales Wachstum verursachten Umweltauswirkungen hatten.

Um das Verständnis zu erleichtern, wird in der folgenden Tabelle 01 auf die wichtigsten globalen Ereignisse verwiesen und die Besorgnis der Nationen und Regierungsstellen über die Umwelt und die nachhaltige Entwicklung widergespiegelt.

Schaubild 1 - Historische Meilensteine der Umwelterziehung.

Veranstaltungen	Jahr	Beschreibung	Zielsetzung
Vorstellung des Buches "Mensch und Natur"	1864	-	Sie zielt darauf ab, die Studien auszuwählen und festzulegen, die über die Beziehungen zwischen den Arten und ihrer Umwelt durchgeführt werden sollen.
Yellowstone	1872	Die Gründung des ersten Nationalparks der Welt.	Stärkung des Umweltbewusstseins.
Gründung des Club of Rome	1968	Sie sind einflussreiche Persönlichkeiten, die zusammenkommen, um über Fragen der Politik, der Wirtschaft und vor allem der Umwelt und der nachhaltigen Entwicklung zu diskutieren.	Förderung des Verständnisses für die verschiedenen, aber voneinander abhängigen Komponenten - Wirtschaft, Politik, Natur und Gesellschaft -, aus denen sich das globale System zusammensetzt.
Stockholm-Konferenz	1972	Es war das erste große Treffen, das von der Die Vereinten Nationen werden sich auf Umweltfragen konzentrieren.	Erarbeitung nationaler Umweltvorschriften zur Kontrolle der Umweltverschmutzung.
Brundtland-Bericht	1987	Das Ergebnis einer Studie, die aus einer UN-Konvention von 1980 hervorgegangen ist.	Sie schlägt eine nachhaltige Entwicklung vor.
ECO 92 oder Rio 92	1992	In ihr wurde das Konzept der nachhaltigen Entwicklung endgültig verankert.	Die Vereinbarkeit von sozioökonomischer Entwicklung und der Erhaltung der Ökosysteme unseres Planeten.

Einsetzung der Kommission für nachhaltige Entwicklung (CSD)	1992	Dem Wirtschafts- und Sozialrat untergeordnetes Organ für Umweltfragen. (ECOSOC).	In erster Linie geht es darum, die Fortführung der auf der Konferenz von Rio festgelegten Ziele zu gewährleisten.
Weltgipfel für nachhaltige Entwicklung oder Rio + 10	2002	Eine Veranstaltung in Südafrika, an der mehrere Länder aus der ganzen Welt teilnahmen.	Ihr Hauptziel war es, einen Umsetzungsplan zu erstellen, der die Anwendung der in Rio 92 beschlossenen Grundsätze beschleunigen und verstärken sollte.
Kyoto-Protokoll	2005	Dies war eine Umweltvereinbarung, die auf der 3ª Konferenz der Vertragsparteien des der Nationen Rahmenübereinkommen der Vereinten Nationen über Klimaänderungen.	Verringerung der Emissionen umweltschädlicher Gase.
Rio + 20	2012	Rio + 20 ist die Bezeichnung für die Konferenz der Vereinten Nationen, die sich mit Fragen der nachhaltigen Entwicklung befassen sollte.	Erneuerung und Bekräftigung der Beteiligung der Staats- und Regierungschefs an der nachhaltigen Entwicklung des Planeten. Es handelte sich also um eine zweite Etappe des Erdgipfels.

Quelle: angepasst von Dias (2011).

Cooper (2007) weist darauf hin, dass die Verantwortung für die Nachhaltigkeit des Planeten nicht nur bei Regierungen und internationalen Organisationen liegt, sondern auch bei der Industrie und ihren jeweiligen Verbrauchern.

Dieser Argumentation folgend fügt Tachizawa (2008) hinzu, dass der neue wirtschaftliche Kontext dadurch gekennzeichnet ist, dass die Kunden immer strenger werden, wenn es um Produkte und Dienstleistungen mit Umweltzertifizierung geht, und dass sie Unternehmen bevorzugen, die auf dem Markt ein gutes Image in Bezug auf die Wahrung einer ökologisch korrekten Haltung haben.

Der Begriff "Nachhaltige Entwicklung" ist in aller Munde, aber was verbirgt sich hinter dieser neuen Terminologie, die vor allem seit den 90er Jahren auf nationalen und internationalen Konferenzen, in Plänen zur Förderung des Umweltbewusstseins und in der Routine neuer Manager immer präsenter wird? Nach Swarbrooke (1998) besteht nachhaltige Entwicklung aus einer Entwicklung, die die gegenwärtigen Bedürfnisse der Gesellschaft befriedigt, ohne die Fähigkeit zu gefährden, zukünftige Bedürfnisse zu befriedigen.

Diese Definition verbindet ökologische, wirtschaftliche und soziokulturelle Ziele, die so genannten drei Säulen des *Triple-Bottom-Line-Ansatzes* für Nachhaltigkeit (DEERY; FREDLINE, 2005).

Abbildung 01 veranschaulicht, was der Autor als die drei Säulen der Nachhaltigkeit bezeichnet.

Abbildung 1- Stativ für Nachhaltigkeit.

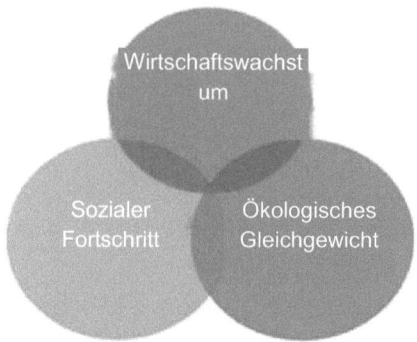

Quelle: Deery und Fredline, 2004.

Für den Autor bedeutet das Konzept der nachhaltigen Entwicklung die Verbindung von wirtschaftlichem Wachstum mit sozialer Verantwortung und Umweltschutz. Der Begriff macht auf eine Alternative zu den Theorien aufmerksam und ist eine Warnung an die traditionellen Entwicklungsmodelle, die sich in einer endlosen Reihe von Frustrationen erschöpfen.

Nachhaltigkeit hingegen bedeutet die Möglichkeit, in einem bestimmten Ökosystem dauerhaft gleiche oder sogar bessere Lebensbedingungen für eine Gruppe von Menschen und deren Nachkommen zu erreichen. Mit anderen Worten: Dieses Konzept entspricht der Vorstellung, dass unser Lebenserhaltungssystem aufrechterhalten werden kann. Kurz gesagt, es geht darum, das biophysikalisch Mögliche aus einer langfristigen Perspektive zu erkennen (CAVALCANTI, 2003). Der Autor führt weiter aus, dass die Entwicklung, die die Welt in den letzten zweihundert Jahren, insbesondere nach dem Zweiten Weltkrieg (1945), erlebt hat, nicht nachhaltig ist.

Nachhaltigkeit wird von Wagner (2005) als eine Möglichkeit für Wettbewerbsvorteile definiert. Trotz unterschiedlicher Ansätze und Perspektiven für einen nachhaltigen Tourismus ist eine der wichtigsten Komponenten für die Verwirklichung einer nachhaltigen Tourismusentwicklung die Beteiligung der verschiedenen Interessengruppen (CHEN et al., 2014). Ko (2005) schlug vor, dass die verschiedenen Interessengruppen bereits in der Anfangsphase der Nachhaltigkeitsbewertung einbezogen werden sollten.

Aus dem Gesagten lässt sich ableiten, dass die Entwicklung eines nachhaltigen Tourismus drei Grundprinzipien erfordert: (1) Kompromisse zwischen gegensätzlichen Interessen und Zielen; (2) Zusammenarbeit zwischen Entscheidungsträgern (Regierung), der lokalen Gemeinschaft, Tourismusanbietern und Verbrauchern; und schließlich (3) die Förderung des öffentlichen Interesses auf lange Sicht.

Mebratu (1998) legt eine umfassende Kategorisierung der Theorien der nachhaltigen Entwicklung vor. Der Autor identifiziert drei Typologien des theoretischen Konzepts der nachhaltigen Entwicklung, die wie folgt dargestellt werden: institutionell, ideologisch und akademisch. Der Forscher stellt fest, dass in der institutionellen Version die Konzepte des Instituts für Umwelt und Entwicklung (IAD) und des World Business Council for Development (WBCSD) erörtert werden, wobei ihre Leitfragen angesprochen und diskutiert und ihre Ziele definiert werden. Die ideologische Version stellt die Ökotheologie (die eher spiritueller Natur ist), den Ökofeminismus (der mit der Frauenbewegung verbunden ist) und schließlich den Ökosozialismus (der einen marxistischen Ansatz hat und sich auf die Arbeiterbewegung konzentriert) vor. Die letzte vom Autor beschriebene Version ist die akademische, die in drei Teile unterteilt ist: Ökonom, Ökologe und Soziologe.

Tabelle 02 zeigt die drei Teile der akademischen Sichtweise der nachhaltigen Entwicklung, die von Mebratu (1998) vorgestellt wurde.

Tabelle 2 - Vergleichende Analyse der akademischen Version von Nachhaltigkeit.

Akademische Disziplin	Erkenntnistheoretische Orientierung	Ursache der Umweltkrise	Epizentrum der Lösung	Mechanismus der Lösung
Wirtschaft Umwelt	Wirtschaftlicher Reduktionismus	Abschreibung von ökologischen Gütern	Internalisierung der externen Effekte	Marketinginstrumente
Ökologie Tief	Ökologischer Reduktionismus	Die Herrschaft des Menschen über die Natur	Ehrfurcht und Respekt vor der Natur	Biozentrische Gleichheit

| Soziale Ökologie | Ganzheitlich reduktionistisch | Beherrschung von Mensch und Natur | Evolution von Natur und Mensch | Die soziale Hierarchie überdenken |

Quelle: Mebratu (1998).

Es ist hervorzuheben, dass wir einen innovativen Moment erleben, der manchmal als beispielhaft angesehen wird, weil er eine neue Vision der Welt präsentiert, nämlich die Vision der nachhaltigen Entwicklung. Die Organisationen erkennen, dass sie sich von ihren Konkurrenten abheben können und versuchen, Praktiken einzuführen, die den Anforderungen der Nachhaltigkeit entsprechen.

2.1.2 Tourismus

Der Begriff "Tourismus" wurde im 19. Jahrhundert geprägt, aber den Tourismus gibt es schon seit Anbeginn der Menschheit. Es ist erwiesen, dass verschiedene Formen des Tourismus seit den frühesten Zivilisationen betrieben wurden, aber er gewann im 20. Jahrhundert an Bedeutung, genauer gesagt nach dem Zweiten Weltkrieg. Jahrhundert, genauer gesagt nach dem Zweiten Weltkrieg. Die Entwicklung des Tourismussektors ist auf Aspekte zurückzuführen, die mit der Produktivität der Unternehmen und vor allem mit der Kaufkraft der Menschen und dem Wohlstand, der sich aus der Wiederherstellung des Weltfriedens ergab, zusammenhängen (FOURASTIÉ, 1979).

Der Tourismus gilt heute als eine der wichtigsten Aktivitäten, die zum weltweiten Wirtschaftswachstum beitragen. Er umfasst eine enorme Vielfalt an Aktivitäten, die von Erholung, Freizeit und Entspannung bis hin zum Aufbau einer Partnerschaft zwischen großen Unternehmen, wie es beim Geschäftstourismus der Fall ist, oder der Gesundheitsversorgung reichen.

Gegenwärtig entwickelt sich der Tourismussektor, der auch als "Industrie ohne Schornstein" bezeichnet wird, und hebt sich als relevante und einzigartige Wirtschaftstätigkeit für die ganze Welt ab. 2011 erreichte er 9 % des weltweiten BIP (WTTC, 2011), ein Faktor, der die Tourismusindustrie für die Weltwirtschaft interessant macht.

Es gibt verschiedene Definitionen von Tourismus. Für die Welttourismusorganisation (WTO), (CRUZ, 2001):

> Tourismus ist eine Form des räumlichen Reisens, d.h. die Nutzung eines Transportmittels und mindestens eine Übernachtung am Zielort; diese Reisen können durch die unterschiedlichsten Gründe motiviert sein, wie z.B. Freizeit-, Geschäfts-, Kongress-, Gesundheits- und andere Gründe, solange sie nicht einer

Form der direkten Vergütung entsprechen (CRUZ, 2001, S. 4).

Fuster (2003) versteht den Tourismus als eine Zusammensetzung aus zwei wesentlichen Teilen: zum einen eine Gruppe von Touristen und zum anderen Fakten und Zusammenhänge, die sich aus deren Handlungen ergeben und die während ihrer Reisen Konsequenzen nach sich ziehen. Zu diesen Folgen gehören die Nutzung natürlicher Ressourcen und die Erzeugung von Abfällen, die bei unsachgemäßer Bewirtschaftung negative Auswirkungen auf die natürliche und gebaute Umwelt haben können.

Für McIntosh, Goldner und Ritcie (2003) ist Tourismus nichts anderes als die Summe der Phänomene und/oder Beziehungen, die sich aus der Interaktion zwischen Touristen, Unternehmen, die Dienstleistungen anbieten (Tourismusagenturen), Regierungen und Gastgemeinden ergeben, mit der Funktion, diese Besucher anzuziehen und zu beherbergen.

Seit der Einführung dieser Tätigkeit wird der Tourismus von vielen als ein Wirtschaftszweig anerkannt, der die Entwicklung des Ortes fördert, der von ihm profitiert. Aus der Sicht einiger entwickelter Länder wird der Tourismus als ein Wirtschaftszweig "ohne Schornstein" betrachtet, der die begehrten Arbeitsplätze und das zur Finanzierung anderer wirtschaftlicher Aktivitäten erforderliche Einkommen bietet (FREITAG, 1994).

Walpole und Goodwin (2000) stellen fest, dass:

> Die Befürworter dieser Idee führen zahlreiche potenzielle Vorteile für die lokale Bevölkerung an, darunter eine Erhöhung des Einkommens, ein größeres Angebot an Arbeitsplätzen sowie eine größere Marktstabilität als bei der Ausfuhr von *Rohstoffen*, d. h. von in großen Mengen produzierten Rohstoffen (Rohmaterialien) oder solchen mit einem geringen Industrialisierungsgrad. Diese Produkte, ob *in Natura*, angebaut oder aus der Gewinnung von Mineralien stammend, können über einen bestimmten Zeitraum gelagert werden, ohne dass es zu nennenswerten Qualitätsverlusten kommt. Sie haben einen weltweiten Preis und sind marktfähig (sie werden an der Börse gehandelt). Beispiele: Öl, Soja und Gold (WALPOLE; GOODWUIN, 2000, S. 68).

Der Tourismus leistet somit einen entscheidenden Beitrag zum Einkommen der Regionen, in denen er entwickelt ist, und kann in benachteiligten Ländern bis zu 70 Prozent des gesamten BIP erreichen (WTO, 2012).

Die Tourismusindustrie hat mehr als nur Befürworter. Für kritische Forscher kann ein unbewusst betriebener Tourismus zu folgenden Problemen führen: (1) Probleme im Zusammenhang mit der übermäßigen Abhängigkeit des Sektors von ausländischem Kapital; (2) Ungleichheiten bei der Verteilung der durch den Sektor erzeugten Vorteile, insbesondere im Hinblick auf das erzielte Einkommen; (3) Verschlechterung der Umwelt, in der die Aktivität ausgeübt wird, und (4) sowie andere Schäden, die sich aus der touristischen Aktivität für die Gastbevölkerung ergeben (PEARCE, 1991; LIU; WALL, 2006; TUNG & AYCAN, 2008).

Nach Wheeller (1991) argumentiert der Autor in Bezug auf die Negativität des Tourismussegments, dass der größte Teil der Kontrolle und Emission von Touristen in den entwickelten Volkswirtschaften liegt, während nur die Resorts, die in den Zielländern (Entwicklungsländern) geschaffen werden, aber ein großer Teil des aufgebrachten Kapitals an ausländische Unternehmer zurückfließt. Der Autor bekräftigt diese Ansicht mit der Feststellung, dass der internationale Tourismus die globalen wirtschaftlichen Ungleichgewichte und die strukturelle Abhängigkeit der Entwicklungsländer widerspiegelt, d.h. der Tourismus kann die Ungleichheiten zwischen den entwickelten Verbraucherländern und den Entwicklungsländern als Gastgeber aufrechterhalten.

Was die negativen Auswirkungen des Tourismus betrifft, so enthält Tabelle 03 Informationen über die wichtigsten Arten des Tourismus nach ihrer Typologie und ihren jeweiligen Schäden (PILLMAN, 1992, zitiert nach RUSCHMANN, 1998, S. 61).

Tabelle 3 - Arten von Tourismus und Umweltauswirkungen.

Arten von Tourismus	Wichtigste Aktivitäten	Auswirkungen
Freizeittourismus	Spaziergänge, Ausritte, Entspannung, Erholung, Naturbeobachtung, Unterkunft, Kommunikation.	Lärm, Abnutzung von Wegen und Pfaden, Beeinträchtigung der Landschaft und der Vegetation, Erosion von Stränden und Hängen.
Sporttourismus	Skifahren, Schwimmen, Bootfahren, Teilnahme an Wettbewerben.	Luft- und Wasserverschmutzung, Schädigung von Wohngebieten, Eingriffe in die Natur durch den Bau von Sportanlagen und Turnhallen, Vandalismus.
Geschäftstourismus	Geschäftsentwicklung, Unternehmenserweiterung, Kongresse, Vorträge, Seminare, Messen, Ausbildung/Studien.	Lärm, Luftverschmutzung (Industrien), Sachschäden (Abnutzung und Verschleiß).
Urlaubstourismus	Strände, Reisen mit dem Auto, dem Zug, dem Flugzeug oder dem Schiff, Unterkünfte, Camping, Stadtbesichtigungen, Besuche von	Intensivierung des Verkehrs auf Straßen, Schienen und Flughäfen, Lärm, Luftverschmutzung, Abwässer, Schädigung der Vegetation, Abnutzung des Bodens durch den Bau von

	Kulturstätten.	Terminals, Straßen und Eisenbahnen, Monotonie der Landschaft, Unfälle, Massentourismus.	
Gesundheitstourismus	Spaziergänge, Ruhe, Heilung.	Abwässer, Verbrauch der Natur, Einmischung in das tägliche Leben der Gemeinden, Bewusstsein für die Bedürfnisse der Gesellschaft.	

Quelle: In Anlehnung an Pillman (1992, S. 6) *und* Ruschmann (1998, S. 61).

Diese Dichotomie wird von Lea et al. (1988) erläutert, die darauf hinweisen, dass in der modernen Literatur die Tourismusforschung in zwei Denkschulen unterteilt wurde: "Politisch-ökonomisch" und "funktional". Der "politökonomische" Ansatz geht davon aus, dass sich der Tourismus in ähnlicher Weise entwickelt hat wie die historischen Muster des Kolonialismus und der wirtschaftlichen Abhängigkeit. Nach dieser Auffassung wird die Branche so sehr von politischen und wirtschaftlichen Faktoren bestimmt, dass anderen Aspekten wenig Aufmerksamkeit geschenkt wird. Analysen dieses Ansatzes neigen dazu, die Auswirkungen des Tourismus negativ zu bewerten, da er nur als eine weitere wirtschaftliche Möglichkeit für entwickelte und reiche Länder gesehen wird, sich auf Kosten der weniger glücklichen Länder zu entwickeln.

Die andere von Lea et al. (1988) vertretene Sichtweise ist dagegen der "funktionale" Ansatz. Dieser betont die wirtschaftliche Bedeutung des Tourismus für alle Beteiligten und Möglichkeiten zur Verbesserung seiner Effizienz und zur Minimierung seiner negativen Auswirkungen, ohne dass die Politik einbezogen wird. Diese Sichtweise legt wenig Wert auf die Geschichte des Wandels in den Entwicklungsgesellschaften und den potenziellen Beitrag der Tourismusindustrie für die betreffenden Orte.

Für Carvalho (2012) bietet diese Perspektive im Gegensatz zur vorherigen eine optimistische Sichtweise des Segments, da er die meisten Probleme als durch Management und geeignete Maßnahmen lösbar ansieht.

Diese Politiken lassen sich in der Regel so definieren, dass sie eine Strategie der Spezialisierung auf den Tourismus verfolgen oder bei ihrer Umsetzung eine Linie der nachhaltigen Planung verfolgen, die sich auf die Wirtschaft und die soziale Entwicklung in diesen Regionen auswirkt, da diese über ein großes natürliches Kapital an touristischen Ressourcen verfügen (SOUSA; FONSECA, 2013).

Korossy (2008) zufolge lag der Schwerpunkt beim Tourismus lange Zeit fast ausschließlich auf wirtschaftlichen Aspekten und dem Beitrag, den der Tourismus zum

Bruttoinlandsprodukt (BIP) leisten kann. Der Tourismus wird jedoch nicht mehr nur als Einkommensquelle gesehen, sondern vielmehr als eine Möglichkeit, andere Formen der Freizeitgestaltung und Entspannung in Verbindung mit soziokulturellem und ökologischem Wachstum zu entdecken, und zwar sowohl für diejenigen, die ihn betreiben, als auch für diejenigen, die ihn aufnehmen (aufnehmende Gemeinden, d. h. lokale Regionen, in denen der Tourismus betrieben oder entwickelt wird).

Ziel ist es, das gewünschte Gleichgewicht zwischen wirtschaftlicher und sozialer Entwicklung und der Erhaltung der Umwelt zu erreichen, was nur durch eine kohärente und nachhaltige Entwicklung der Tourismusgebiete möglich ist. Rosvadoski-da-silva, Gava und Deboça (2014) tragen dazu bei, indem sie erklären, dass dieses Ziel nur durch die Kombination zweier Variablen erreicht werden kann: (1) eine Steigerung des Einkommens und der Formen des lokalen Wohlstands und (2) die gleichzeitige Sicherstellung der Erhaltung der natürlichen Ressourcen mit den bereits festgelegten sozialen Standards.

In diesem Zusammenhang werden verschiedene andere Formen des Tourismus vorgeschlagen, wie z. B. der verantwortungsvolle, alternative, ökologische und neuerdings auch der nachhaltige Tourismus (DIAS, 2008).

Diese Vorschläge wurden mit dem Ziel angenommen, die durch den Tourismus verursachten Schäden zu minimieren und den durch ihn erzeugten Nutzen zu maximieren. Schaffung von Nachhaltigkeit in der Region, in der die Aktivität ausgeübt wird.

2.1.3 Tourismus und Nachhaltigkeit

Nachhaltiger Tourismus kann als ein Tourismus beschrieben werden, der in jeder Umgebung stattfindet, aber darauf abzielt, im Einklang mit einer nachhaltigen Entwicklung verantwortungsvoll zu handeln. Unabhängig von der Art des angebotenen Reiseerlebnisses. Reiseveranstalter, die in Schutzgebieten tätig sind, müssen die Anforderungen von Naturgebietsmanagern erfüllen, z. B. in Bezug auf die zugänglichen Gebiete sowie die Arten von Aktivitäten und Auswirkungen, die sie anbieten können, und müssen daher Nachhaltigkeitsaspekte in ihre Betriebsabläufe einbeziehen (DIANE; JENNIFER, 2011).

Die Sorge um die Nachhaltigkeit touristischer Aktivitäten ist kein neues Thema (ANDRADE; BARBOSA; SOUZA, 2013). Wie bereits erwähnt, bekräftigen Santos und Chaves (2014) dies mit der Feststellung, dass der Tourismus in den Entwicklungsländern schnell wächst, und in Brasilien ist dies nicht anders. Dieses beträchtliche Wachstum des Tourismus ist seit einigen Jahrzehnten zu beobachten, und folglich wurde ihm die gebührende Bedeutung beigemessen.

Der Tourismus hat erhebliche Auswirkungen auf das Leben der Reisenden und der lokalen Bevölkerung des besuchten Ziels. In den letzten Jahrzehnten sind viele Sorgen um die Umwelt entstanden, da nicht alle natürlichen Ressourcen endlich und erneuerbar sind (MEDEIROS; MORAES, 2013).

In Bezug auf die Nachhaltigkeit im Tourismus (MALTA; MARIANI, 2013) wird die folgende Aussage getroffen:

> Das Wachstum der heutigen Organisationen hat zur Annahme von Managementmaßnahmen geführt, die auf Umwelt- und Sozialbewusstsein beruhen, mit dem Ziel, Wettbewerbsvorteile und folglich auch finanzielle Vorteile zu erzielen. In diesem Zusammenhang stellt sich der Tourismus als eine Aktivität dar, die im Wesentlichen auf Nachhaltigkeit ausgerichtet sein muss, da die Umgebung des touristischen Ortes attraktiv genug sein muss, um besucht zu werden, und seine Entwicklung paradoxerweise zu seiner Externalisierung beiträgt (MALTA; MARIANI, 2013, S. 123).

Trotz der Auswirkungen des Themas und der Veröffentlichungen, in denen die Vorteile der Anwendung von Nachhaltigkeit auf touristische Ziele gepriesen werden, haben einige Autoren die Mehrdeutigkeit dieses Konzepts kritisiert (PANATE, 2015).

Mccool und Moisey (2001, S. 3) bekräftigen dies und stellen fest, dass "die Bedeutungen, die dem nachhaltigen Tourismus zugeschrieben werden, sehr unterschiedlich sind, wobei es offenbar kaum einen Konsens unter den Autoren und staatlichen Institutionen gibt". Cohen (2002) geht noch weiter, indem er vor einem subjektiven Problem warnt und die Frage aufwirft, dass der vage Charakter des Konzepts der Nachhaltigkeit im Tourismus Raum für den Missbrauch durch interessierte Parteien, insbesondere Tourismusunternehmer, lässt, da ein Unternehmen, das nachhaltige Praktiken anwendet, auf dem Markt von potenziellen Kunden gut angesehen wird.

Im Zusammenhang mit dem Missbrauch des Begriffs "nachhaltiger Tourismus" macht Cohen (2002) eine Bemerkung über die Verwendung des Begriffs "Ökotourismus", der weltweit verwendet wird, für den die Tourismusunternehmen aber oft nicht einmal konkrete Initiativen zur Erhaltung und Pflege der Umwelt haben. Der Autor deutet an, dass dies auch bei der Nachhaltigkeit der Fall ist.

Angesichts dieser Fülle von Begriffen ist es naheliegend, Vorschläge zu ihrer Kategorisierung zu machen. Einige davon werden im Folgenden vorgestellt.

Wheeler (1991) stellt fest, dass der nachhaltige Tourismus den Reisenden dem konventionellen Touristen vorzieht, das Individuum der Gruppe, den Angestellten dem großen Unternehmen, die einfache und rudimentäre Unterkunft den großen multinationalen Hotelketten, das Kleine dem Großen, mit anderen Worten, das im Wesentlichen Gute dem scheinbar Erhabenen.

Die Bemerkung des Autors impliziert, dass es sich bei nachhaltigem Tourismus um eine einfachere und rudimentärere Form des Tourismus handelt, bei der diejenigen, die die Aktivität genießen, einen stärkeren Kontakt mit dem Ort und der ansässigen Bevölkerung haben. Wenn man sich Gedanken über die Anzahl der Besucher und folglich über die erzeugten Abfälle und die möglichen Schäden macht.

Dieser Argumentation folgend, fordern die Befürworter eines alternativen Tourismus die vollständige Ersetzung des Massentourismus durch den Kleintourismus (LANFANT; GRABURN, 1992).

Ausgehend von dieser Prämisse lässt sich sagen, dass das ursprüngliche Verständnis von nachhaltigem Tourismus zweigeteilt war, wobei die Autoren nachhaltigen Tourismus eindeutig als die Domäne einer bestimmten Art von Tourismus verstanden, der auf kleinräumigen Merkmalen beruht.

Die Haltung des nachhaltigen Tourismus steht im Einklang mit der Entwicklung einer Aktivität, die das Bewusstsein des Menschen für seine Auswirkungen zu jeder Zeit zum Ausdruck bringt. Man kann nicht mehr behaupten, dass die manchmal negativen Folgen von Praktiken, die nur auf wirtschaftlichen Visionen beruhen, nicht existieren, insbesondere im Hinblick auf die Umwelt, da man die Grenzen der zu nutzenden natürlichen Ressourcen anerkennt (MEDEIROS; MORAES, 2013).

Es ist wichtig klarzustellen, dass nachhaltiger Tourismus nicht nur mit der Pflege der lokalen Natur, sondern auch mit der lokalen Gesellschaft und Kultur zu tun hat. In diesem Sinne stellt Corsi (2004) fest, dass der Tourismus heute große Erwartungen an die kontinuierliche Verbesserung des Gemeinschaftslebens stellt, bei dem die Integration der Touristen mit der Bevölkerung reibungslos und effizient verläuft, mit einem großen Wissenszuwachs für diejenigen, die ankommen und eine Weile bleiben, sowie für diejenigen, die dort leben.

Diese Definition bezieht sich auf die verschiedenen Kategorien des Tourismus, insbesondere auf diejenigen, bei denen die Touristen neben dem Konsum traditioneller Industrieprodukte auch Gastronomie, Kunsthandwerk und künstlerische Darbietungen konsumieren und eine Interaktion mit den Einheimischen dieser Regionen herstellen

(CASTROGIOVANNI et al., 2001).

Die Entwicklung und Aufrechterhaltung einer nachhaltigen Planung ist eine wesentliche Voraussetzung für eine ausgewogene Tourismusentwicklung im Einklang mit den physischen, kulturellen und sozialen Ressourcen der aufnehmenden Regionen, um zu verhindern, dass der Tourismus die Grundlagen seiner Existenz zerstört (RUSHMANN, 2008).

In Anlehnung an das Konzept des nachhaltigen Tourismus und unter Verwendung der Definition von Cooper et al. (2007), in der nachhaltiger Tourismus als eine Entwicklung des Tourismus definiert wird, die sowohl die aktuellen Bedürfnisse der Touristen als auch die der Gastregionen erfüllt und gleichzeitig Chancen für die Zukunft garantiert.

Der Autor führt weiter aus, dass nachhaltiger Tourismus darauf abzielt, alle Ressourcen so zu bewirtschaften, dass die wirtschaftlichen, sozialen und ästhetischen Bedürfnisse befriedigt werden können und gleichzeitig die lokale kulturelle Integrität, die wesentlichen ökologischen Prozesse, die biologische Vielfalt und die lebenserhaltenden Systeme erhalten bleiben.

Nachhaltigkeit im Tourismus ist ein komplexes Thema, denn sie muss den langfristigen Erhalt der Umwelt garantieren und gleichzeitig sicherstellen, dass diejenigen, die in den Tourismus investieren, eine Rendite auf ihr Kapital und das Wachstum der Unternehmensergebnisse erhalten. Langfristig muss ein nachhaltiger Tourismus ökologisch nachhaltig, wirtschaftlich tragfähig, aber auch sozial und ethisch fair gegenüber der lokalen Bevölkerung sein (DAVID, 2011).

Nachhaltiger Tourismus ist ein Prozess, der darauf abzielt, die Spannungen und Reibungen zwischen den komplexen Interaktionen des Tourismusgewerbes, d. h. der Gesamtheit der Einrichtungen, die das touristische Produkt ausmachen, so weit wie möglich zu minimieren. Dazu gehören Beherbergungsbetriebe, Bars und Restaurants, Kongresszentren und Messen, Reise- und Tourismusagenturen, Transportunternehmen, *Souvenirläden* und alle kommerziellen Aktivitäten am Rande, die direkt oder indirekt mit dem Tourismus verbunden sind, d.h. es geht darum, die Konflikte zu verringern, die zwischen den Einheiten bestehen können, die den Tourismus ausmachen: den Besuchern, der Umwelt als Ganzes und den lokalen Gemeinschaften, die Touristen empfangen. Es handelt sich also um eine Perspektive, bei der die langfristige Lebensfähigkeit und Qualität der natürlichen und menschlichen Ressourcen angestrebt wird, d.h. die Entwicklung des Tourismus, die Entwicklung der lokalen Gemeinschaft, ohne die Umwelt oder die Kultur der aufnehmenden Gesellschaft zu schädigen (GARROD;

FYALL, 1998).

Der nachhaltige Tourismus schlägt daher eine gerechtere Koexistenz zwischen Tourismus und Umwelt vor, ohne dass einer der beiden Partner unter den schädlichen Folgen leidet, und sucht ein Gleichgewicht zwischen Wirtschaft und Umweltschutz (CORSI, 2004).

Laut dem Nationalen Tourismusverband (CNTur) steckt Brasilien in Sachen nachhaltiger Tourismus noch in den Kinderschuhen: Es werden erste Schritte zur Entwicklung dieser Art von Tourismus unternommen, und es besteht noch ein größeres Interesse daran, Ökotourismus anzubieten (der, auch wenn es den Anschein hat, nicht darauf abzielt, die Umwelt zu erhalten, sondern sie lediglich zu genießen). Einige große nationale Tourismuszentren, wie Bonito/MS, haben jedoch bereits Praktiken des nachhaltigen Tourismus eingeführt und entwickeln diese weiter, nachdem sie die Notwendigkeit erkannt haben, Regeln aufzustellen, damit ihre Naturschätze nicht durch einen ungeplanten Tourismus zerstört werden (CNTur, 2011).

Man kann also sagen, dass Nachhaltigkeit im Tourismus zwei Prozesse beinhaltet, einen der Anerkennung und einen der Verantwortung. Die Erkenntnis, dass die Ressourcen, die zur Herstellung von Tourismusprodukten verwendet werden, teuer und anfällig sind. Und die Verantwortung für die intelligente Nutzung dieser Ressourcen liegt bei allen Beteiligten, von den Regierungen und Planern über den Dienstleistungssektor bis hin zu den Touristen und Anwohnern (COOPER, 2007).

Daher muss die Tourismusentwicklung unter Berücksichtigung des Gleichgewichts und der Ausgewogenheit zwischen den Dimensionen der Nachhaltigkeit geplant werden, da sie andernfalls zu vielen negativen Auswirkungen auf die soziale und ökologische Nachhaltigkeit des Ortes führen kann, der sie entwickelt (SANTOS; CHAVES, 2014).

Die nachhaltige Entwicklung des Tourismus umfasst somit nicht nur die Bewirtschaftung der natürlichen Ressourcen, sondern auch die Beibehaltung der menschlichen Gewohnheiten und Bräuche der lokalen Gesellschaft, in der der Tourismus stattfindet, um den Besuchern Freude zu bereiten und gleichzeitig dem Ort zu nutzen, während die negativen Auswirkungen auf die Region und die ansässige Bevölkerung auf ein Minimum beschränkt werden.

Laut Diane und Jennifer (2011) besteht in verschiedenen Regionen der Welt, insbesondere in den Industrieländern, die Notwendigkeit, Partnerschaften zwischen der Tourismusindustrie und der Verwaltung von Schutzgebieten zu entwickeln. Die diesen Partnerschaften zugrunde liegenden Ziele unterscheiden sich jedoch etwas von den tatsächlichen Maßnahmen, die in den Schutzgebieten durchgeführt werden, wobei sich die Betreiber auf die Erhaltung der biologischen Vielfalt und den Tourismus konzentrieren *und nicht auf* die Aufgabe, den Besuchern ein Erlebnis zu bieten, das wirtschaftliche Gewinne abwirft. Obwohl viele dieser Partnerschaften bereits seit geraumer Zeit auf der ganzen Welt bestehen, ist wenig über ihren Erfolg in Bezug auf die Konzepte für die Erhaltung und das Management von Schutzgebieten sowie für Nachhaltigkeit, nachhaltige Entwicklung und Tourismus bekannt. Das Konzept der Nachhaltigkeit ist zwar relativ und wandelbar.

Die Überlegungen der genannten Autoren lassen den Leser darüber nachdenken, wie wichtig es ist, den Studien über nachhaltige Entwicklung und Nachhaltigkeit die gebührende Aufmerksamkeit zu schenken, und wie wichtig es ist, neue Forschungsarbeiten zu diesem Thema durchzuführen.

2.1.4 Gastfreundschaft

Der interne und externe Druck auf die Unternehmen, die Umwelt zu erhalten und zu schützen, zwingt sie dazu, ihre Denk- und Handlungsweise zu ändern, Paradigmen zu durchbrechen und neue zu schaffen. Auch Hotels stehen in diesem Kontext (ALVES, 2012).

Was man heute über die Geschichte der Gastfreundschaft in der Welt weiß, ist, dass die Aufnahme von Menschen eine sehr alte Praxis ist. Das Wort Gastfreundschaft selbst, das vom lateinischen *hospitium stammt*, bedeutet Gastfreundschaft (geben oder empfangen). Und Gastfreundschaft, ebenfalls vom lateinischen *hospitalitas abgeleitet*, bedeutet die gute Behandlung derer, denen man Gastfreundschaft gewährt oder die sie empfangen.

Nach Andrade (2002) stammen die ersten Belege für organisierte Unterkünfte aus der Zeit, als die Olympischen Spiele begannen. Diese Unterkünfte bestanden aus einem großen Unterstand in Form einer Baracke, der *Asylon* oder Asylum genannt wurde und ein unantastbarer Ort war, der den auswärtigen Athleten, die zur Teilnahme an religiösen Zeremonien und sportlichen Wettkämpfen eingeladen waren, Ruhe, Schutz und Privatsphäre bieten sollte.

Später, mit der industriellen Revolution und der Ausbreitung des Kapitalismus, wurde das Beherbergungsgewerbe als eine rein wirtschaftliche Tätigkeit betrachtet, die kommerziell verwertet werden sollte. Hotels mit standardisiertem *Personal, das sich aus* Managern und Rezeptionisten zusammensetzt, kamen erst zu Beginn des 19. Nach Chiavenato (2004) ist das *Personal das* Ergebnis einer Kombination von linearen und funktionalen Organisationsformen, d. h. einer Kombination der Merkmale von linearen und funktionalen

Organisationsformen, die mit dem Ziel geschaffen wurde, die Vorteile der beiden Organisationsformen zu kombinieren. Die Suche nach einem neuen Organisationsstil, der dem wachsenden Effizienzbedürfnis der Unternehmen gerecht wird, führte zur Schaffung dieses Stils, der darauf abzielt, Bereiche der Organisation zu spezialisieren, damit sich die Anstrengungen der Mitarbeiter auf bestimmte Aufgaben konzentrieren.

Nach Petrocchi (2003) besteht die Tourismusindustrie, oder Industrie ohne Schornsteine, aus drei grundlegenden Dienstleistungen: Transport, Unterkunft und Attraktionen, wobei Gastfreundschaft und Tourismus ein untrennbares Binom darstellen.

Laut Gonçalves (2004) begann das Konzept der Gastfreundschaft im kolonialen Brasilien, als Reisende in den großen Häusern der Mühlen und Bauernhöfe, in den Häusern der Städte, in den Klöstern und vor allem in den Ranches am Straßenrand übernachteten. Der Autor führt weiter aus, dass die Jesuiten und andere religiöse Orden, motiviert durch die Pflicht der Nächstenliebe, illustre Persönlichkeiten und einige andere nicht so wichtige Gäste in den Klöstern empfingen. Da es um die Anfänge der Gastfreundschaft im Lande geht, ist es erwähnenswert, dass Mitte des 18. Jahrhunderts im Kloster Sao Bento in Rio de Janeiro ein exklusives Gästehaus gebaut wurde.

Ebenfalls in Rio de Janeiro entstand 1908 das Hotel Avenida, das größte der Stadt. In den 1930er Jahren wurden in den Hauptstädten der Bundesstaaten große Hotels mit Kasinos als Attraktion errichtet, aber 1946 wurden die Kasinos verboten. Im Jahr 1960 begann die Regierung dann auf Anregung der Behörden, den Tourismus im Lande anzukurbeln, mit Maßnahmen zur Förderung des Tourismussektors.

In den 1970er Jahren wurde Brasilien mit der Förderung des Luft- und Straßenverkehrs zu einem Ziel internationaler Hotelketten. Anfang der 1980er Jahre wurden Projekte im Luxussegment sowie die Entwicklung von Budget- und Mittelklassehotels konsolidiert. Trotz der internationalen Krise kam es in den 1990er Jahren zu einem Anstieg der Hotelnachfrage im Land (DIAS, 2008).

Zum Begriff des Hotelbetriebs heißt es in der Normativen Entschließung 387/98 von Embratur: "Ein Hotelbetrieb ist eine juristische Person, die eine Beherbergungseinrichtung betreibt oder verwaltet und zu deren Unternehmenszielen die Ausübung des Hotelbetriebs gehört".

Für Castelli (2003) kann ein Hotel definiert werden als ein Gebäude an einem vorzugsweise städtischen Standort, in der Regel mit mehr als einem Stockwerk, das Unterkunft und einige Freizeit- und Geschäftseinrichtungen für vorübergehende Besucher bietet. Zusätzlich zu den Wohneinheiten (HUs) mit privaten Badezimmern in mindestens 60 Prozent der Wohneinheiten, für diejenigen, die bereits in Betrieb sind.

Im modernen Gastgewerbe hat es sich eingebürgert, das Hotelsegment als Hotellerie zu bezeichnen. Es wird jedoch als nicht korrekt angesehen, dieses Segment zu bezeichnen, da das Hotelgewerbe nicht industrialisiert ist, d. h. es stellt nichts her. So könnte man das Hotelgewerbe als Beherbergungs- und Dienstleistungsgewerbe bezeichnen, da es Unterkunft, Verpflegung, Unterhaltung und auch Dienstleistungen anbietet.

Mit der Zeit und dem wachsenden Umweltbewusstsein der Gesellschaft sind die Touristen anspruchsvoller geworden und bevorzugen Produkte und Dienstleistungen, die Maßnahmen zur Umweltvermeidung bieten (DIAS, 2008).

Dies könnte zur Verbreitung von Modellen für nachhaltige Tourismusrouten und zur Qualifizierung verschiedener Reiseziele, wie z. B. Strände, Berge und ländliche Gebiete, führen. Es kann auch das Bewusstsein für eine rationelle Energieverwendung, Abwasser- und Abfallbehandlung usw. schärfen (PIRES, 2010).

Ein Hotel ist eine Organisation, die Abfälle aller Art erzeugt. Deshalb ist es notwendig, das Konzept des Umweltmanagements bereits in der Konzeptionsphase des Produkts Hotel umzusetzen. Dieses Anliegen muss bereits in der Projektphase mit der Planung eines Umweltmanagementsystems (UMS) beginnen, das auf die spezifischen Bedingungen des Standorts, die Erhaltung der natürlichen Ressourcen, die korrekte Entsorgung der anfallenden Abfälle und die Entwicklung eines Umweltbewusstseins nicht nur bei den Mitarbeitern, sondern auch bei den Gästen und der Gemeinde abgestimmt ist (ALVES, 2012).

Dieses Bewusstsein kann auf verschiedene Weise erreicht werden, z. B. durch die Erlangung von "grünen Siegeln" und Umweltzertifizierungen durch die Einführung von Umweltmanagementsystemen.

Nach Valle (1995) kann sich eine frühzeitige Beschäftigung mit den Umweltrisiken, die von Hotelunternehmen ausgehen können, auszahlen und die Fristen für den möglichen Erwerb von Umweltzertifizierungen verkürzen. Einige Regulierungs- und Aufsichtsbehörden in bestimmten Sektoren sind bereits mit diesem Thema befasst, da sie versuchen, das Image der Organisation zu verbessern, indem sie Umweltzertifizierungsverfahren in ihre Betriebsabläufe aufnehmen. Die Anforderungen für diese Zertifizierungen werden durch Gesetze und Verordnungen festgelegt.

In Anbetracht dessen kann man sagen, dass eine neue Generation von Touristen entsteht, die nicht nur auf der Suche nach Orten ist, an denen sie Abenteuer erleben, sich ausruhen, Geschäfte machen oder neue Eindrücke gewinnen können. Die Touristen suchen zunehmend nach Hotelanlagen, die sich mehr um die natürlichen Ressourcen kümmern und die Umwelt schonen und erhalten. Dies stellt eine neue Herausforderung für die Manager dar.

Angesichts dieses neuen globalen Trends müssen die Hotelunternehmen nach Umweltmanagementsystemen suchen, um die vorhandenen natürlichen Ressourcen effizienter und rationeller zu bewirtschaften, denn die mögliche Erschöpfung dieser Ressourcen würde zu einer Verschlechterung der Lebensqualität der Gemeinden, in denen sich der Tourismus entwickelt, und damit der Menschheit führen. Die Anwendung der ISO-Norm 14001 ist eine ausgezeichnete Strategie, die Unternehmen anwenden können, um dieses Ziel zu erreichen.

Um die Lektüre und das Verständnis zu erleichtern, werden in Tabelle 04 einige der in diesem Kapitel behandelten Informationen zusammengefasst.

Tabelle 4 - Zusammenfassung der in diesem Kapitel behandelten Literatur.

Thema	Themen	Referenzen
Ursprünge Entwicklung Nachhaltig oder Nachhaltigkeit	• Der Mensch ist eine Geisel der natürlichen Ressourcen; • Erhöhung der Produktionskapazität X Menge des erzeugten Abfalls; • Soziale und Entwicklung X wirtschaftliches Gleichgewicht; • Die Sorge der Menschheit über die Krise Umwelt; • Wichtigste Umweltveranstaltungen in Welt; • Eine Entwicklung, die den gegenwärtigen Bedürfnissen der Gesellschaft entspricht, ohne die Fähigkeit zu gefährden, zukünftige Bedürfnisse zu erfüllen.	Giesta (2013) Ivars (2003) Araujo (2010) OMT (2015) Dias (2008) Barbieri (2007) Fassbindor (2007) Cardoso (2005) Carvalho (2012) Camargo (2002) Tachizawa (2008) Swarbrooke (1998) Panate (2015) Iwanow (2012)
Tourismus e Nachhaltigkeit	• Der Tourismus wächst in den Entwicklungsländern schnell; • Endliche und nicht erneuerbare natürliche Ressourcen;	Diane und Jennifer (2011) Andrade; Barbosa; Souza (2013) Santos und Chaves (2014)

	• Annahme von Managementmaßnahmen auf der Grundlage von Umwelt- und Sozialbewusstsein, um Wettbewerbs- und Finanzvorteile zu sichern; • Relatives und veränderbares Konzept	Mccool und Moisey (2001) Cohen (2002) Medeiros und Moraes (2013) David (2011) Rosvadoski-da-silva et al (2014) Borges (2011)
Gastfreundschaft	• Gastgewerbe (rein wirtschaftliche Tätigkeit); • Die Touristen werden immer anspruchsvoller, wenn es um Unternehmen geht, die über Umweltqualifikationen verfügen; • Der Hotelsektor erfordert neue Managementmethoden • Einhaltung von Zertifizierungen und Erlangung von Siegeln	Andrade (2002) Petrocchi (2003) Gonçalves (2004) DIAS 2008 Castelli (2003) Pires (2010) Alves (2012)

Quelle: Forschungsdaten (2015).

Der Tourismus, der inzwischen als einer der angesehensten Wirtschaftszweige der Welt gilt und für bedeutende Bewegungen in der Weltwirtschaft verantwortlich ist, wurde im Hinblick auf seinen potenziellen Beitrag zur Entwicklung verschiedener Gemeinschaften in den Blickpunkt gerückt. Es wird auch auf die Nachhaltigkeit geachtet, mit dem Ziel, die ökologischen, soziokulturellen und wirtschaftlichen Auswirkungen, die die Tätigkeit verursachen kann, zu minimieren.

Akteure aus allen Bereichen des Tourismussektors bemühen sich zunehmend um die Erzielung und Bekanntmachung einer korrekten Leistung in Bezug auf die Nachhaltigkeit, das Management und das Überdenken der Auswirkungen ihrer Aktivitäten, Produkte oder angebotenen Dienstleistungen unter Berücksichtigung ihrer Politik und Ziele für eine nachhaltige Entwicklung.

Da das Hotelgewerbe ein stark expandierendes Marktsegment ist, das fast ausschließlich von der Attraktivität einer gesunden Umwelt abhängt, müssen zu den sozialen und kulturellen Werten auch Maßnahmen zur ökologischen Verantwortung hinzukommen.

Hotels, die in ihren Betriebsabläufen einen nachhaltigen Ansatz verfolgen, bemühen sich um ein umweltfreundlicheres Verhalten und weniger umweltschädliche Methoden, indem sie ihr Handeln neu bewerten und ihre Mitarbeiter, Manager, Direktoren usw. sensibilisieren. Erreicht wird dies durch die Optimierung der Nutzung materieller Ressourcen, durch Wiederverwendung und Recycling von Abfällen, durch einfaches

Umdenken und Rationalisierung der Prozesse. Durch die Eindämmung der Verschwendung von Materialien und Ressourcen werden Betriebskosten eingespart, die Umweltbelastung verringert und Marktchancen durch neue Umweltpraktiken eröffnet. Dies kann nicht nur das Image des Unternehmens stärken, sondern sich auch positiv auf die Mitarbeiter auswirken und das Engagement der internen Kunden sowie die Loyalität der externen Kunden erhöhen, die Unternehmen mit einer positiven Einstellung zu sozial-ökologischen Verfahren suchen.

2.2 UMWELTMANAGEMENT IN HOTELS

2.2.1 Verantwortung der Unternehmen für die Umwelt

In der zweiten Hälfte des 20. Jahrhunderts, mit der Intensivierung des globalen Wirtschaftswachstums, verschärften sich die Umweltprobleme und wurden für weite Teile der Bevölkerung immer deutlicher sichtbar. Insbesondere in den Industrieländern, die als erste von den Auswirkungen der industriellen Revolution betroffen waren (DIAS, 2009).

Die Veränderung des gesellschaftlichen Bewusstseins hin zu einem ökologischen Profil hat dazu geführt, dass Regierungen und auch Unternehmen eine entscheidende Rolle bei der Verschärfung der immer strengeren Auflagen für die alten Formen der Unternehmensführung übernommen haben.

In diesem Sinne gibt Art. 225 der Bundesverfassung von 1988 folgende Hinweise.

> Jeder Mensch hat das Recht auf eine ökologisch ausgewogene Umwelt, die ein Gut für den gemeinsamen Gebrauch der Menschen und wesentlich für eine gesunde Lebensqualität ist, und die den Behörden und der Gemeinschaft die Pflicht auferlegt, sie für heutige und zukünftige Generationen zu schützen und zu erhalten (BRASIL, 2011).

In der Praxis ist dies jedoch nicht der Fall. In Brasilien ist das Umweltmanagement durch eine Reihe von Unstimmigkeiten zwischen den verschiedenen beteiligten Stellen, einen Mangel an Koordination und einen Mangel an finanziellen und personellen Ressourcen für das Management von Umweltfragen gekennzeichnet (DONAIRE, 2012).

Der Hauptfaktor, der für die Veränderungen und die Art und Weise, wie Organisationen für Umweltschäden verantwortlich gemacht werden, verantwortlich ist, waren vor allem die von großen Unternehmen verursachten Naturkatastrophen, die in den internationalen Medien Widerhall fanden, Unbehagen in der gesamten Bevölkerung hervorriefen und praktisch die Schaffung spezifischer Rechtsvorschriften zur Vermeidung oder Minimierung von Umweltschäden erforderten (BARBIERI, 2007).

Aufgrund der Forderungen der Gesellschaft nach einer konsequenteren und verantwortungsvolleren Haltung von Organisationen, um die Kluft zwischen wirtschaftlichen und sozialen Ergebnissen zu minimieren, sowie aufgrund des ökologischen Anliegens, das stark an Bedeutung gewonnen hat, und angesichts seiner Relevanz für die Lebensqualität der Gesellschaft, sind die Unternehmen aufgefordert, eine neue Haltung einzunehmen und mit der Umwelt zu interagieren (TACHIZAWA, 2010).

Kurz gesagt, das Umweltmanagement ist zu einem wichtigen Managementinstrument für die Erfassung und Schaffung von Wettbewerbsbedingungen für Organisationen geworden, unabhängig von deren Wirtschaftssegment (TACHIZAWA, 2010).

Dias (2009) bekräftigt das letzte Zitat und erklärt, dass es neben wirtschaftlichen Interessen auch interne und externe Anreize gibt, die ein Unternehmen zur Einführung von Umweltmanagementmethoden bewegen können. Die internen Anreize sind die Notwendigkeit, die Kosten zu senken, was unmittelbare oder mittelfristige finanzielle Vorteile mit sich bringt; eine Verbesserung der Produktqualität, wodurch Funktionalität, Zuverlässigkeit, Langlebigkeit und eine größere Wartungsfreundlichkeit erreicht werden; eine Verbesserung des positiven Images des Unternehmens in den Augen der Verbraucher; das Bedürfnis nach Innovation, um sich von den Wettbewerbern zu unterscheiden und einen Marktvorteil zu erhalten; eine verstärkte soziale Verantwortung, indem man sich um die Vielfalt und die Gemeinschaft kümmert; eine Sensibilisierung des internen Personals, die sich direkt auf die Unternehmensleitung auswirkt, um korrigierende oder proaktive Maßnahmen in Bezug auf die Umwelt zu ergreifen.

Die externen Anreize sind: die Marktnachfrage, die die Unternehmen zwingt, ihre Arbeitsweise zu verbessern; der Wettbewerb, der zu einer besseren Positionierung gegenüber den Konkurrenten führt; die Behörden und die Umweltgesetzgebung, die die Unternehmen am stärksten dazu veranlassen, Umweltmanagementmaßnahmen zu ergreifen; das soziokulturelle Umfeld, da die Verantwortung der Unternehmen für ein harmonisches Verhältnis zur Natur gewachsen ist; Umweltzertifizierungen, die einen wichtigen externen Anreiz für die Unternehmen darstellen; und Lieferanten, die das Verhalten der Unternehmen beeinflussen.

Tachizawa (2010) fügt hinzu, dass der Trend zur Erhaltung der Umwelt und der Ökologie seitens der Organisationen dauerhaft fortgesetzt werden muss. Der Autor stellt fest, dass wirtschaftliche Ergebnisse zusammen mit Alternativen, die die Umwelt erhalten, zunehmend von Geschäftsentscheidungen abhängen, die vier Hauptfaktoren berücksichtigen:

1   - Es sollte keinen Konflikt zwischen lukrativität und der Frage geben Umwelt;

2   - Die Umweltbewegungen wachsen weltweit und müssen gebührend beachtet werden;

3   - Die Kunden und die Gesellschaft im Allgemeinen legen immer mehr Wert auf den Umweltschutz;

4   - Die Nachfrage und damit der Umsatz der Unternehmen gerät zunehmend unter Druck und hängt direkt vom Verhalten der Verbraucher ab, die ihre Vorliebe für Produkte und Dienstleistungen von umweltfreundlichen Organisationen betonen.

Die ersten Umweltzertifizierungen entstanden vor dem Hintergrund der neuen Situation, in der sich die Organisationen befinden und in der Umweltfragen immer wichtiger werden.

Nach Dias (2003) beziehen sich diese Zertifizierungen auf Sorgfaltsebenen und im Voraus festgelegte Standards, die Unternehmen für die gewissenhafte Ausübung ihrer Tätigkeit erhalten. Diese Zertifizierungen werden von staatlichen oder nichtstaatlichen Stellen ausgestellt und bescheinigen, dass das von einem bestimmten Unternehmen angebotene Produkt und die erbrachte Dienstleistung den geforderten Umweltstandards entsprechen.

Ausgehend von Dias' (2003) Behauptung lässt sich schlussfolgern, dass sich das Profil der Manager ändern muss. Die Sorge um den Gewinn reicht nicht mehr aus. In diesem Fall beginnen die Hotelmanager die Notwendigkeit zu spüren, Praktiken in ihre Managementsysteme einzubauen, die den Anforderungen der ständig neu auftauchenden Standards und Zertifizierungen entsprechen, damit sie auf dem Markt, bei ihren Konkurrenten und bei den Kunden einen Wettbewerbsvorteil behalten können.

Die ersten Umweltzeichen erschienen in den 1940er Jahren und waren obligatorisch, da sie die Verbraucher über die negativen Auswirkungen bestimmter Produkte informieren mussten, wie z. B. das Vorhandensein von Giftstoffen in bestimmten Produkten (KOHLRAUSCH, 2003).

Seitdem sind in der ganzen Welt eine Reihe weiterer Zeichen mit ökologischen Vorschlägen entstanden, wie zum Beispiel der Blaue Engel, der 1978 in Deutschland geschaffen wurde, um Produkte zu kennzeichnen, die als umweltfreundlich gelten (VALLE, 1995).

Die erste Initiative zur Einführung eines brasilianischen Umweltzeichens geht auf das Jahr 1993 zurück, als ABNT dem Institut für Umweltschutz (IPA) eine gemeinsame Aktion vorschlug. Nach der Konferenz von Rio wählte der Finanzier von Studien und Projekten (FINEP) das Umweltzertifizierungsprojekt von ABNT für Produkte aus (TACHIZAWA, 2010).

Tabelle 05 zeigt die wichtigsten Umweltzeichen, die es bisher weltweit gibt.

Tabelle 5 - Die wichtigsten Umweltzeichen der Welt.

Briefmarken	Nationalität und Jahr der Gründung	Beschreibung
Nordischer Schwan	Schweden, 1986	Es handelt sich um ein grünes Label, das vom Ministerrat der nordischen Länder eingeführt wurde und von den Umweltbehörden Schwedens, Finnlands, Islands und Norwegens verwaltet wird.
Blauer Engel	Deutschland, 1987	Der Blaue Engel ist ein staatliches Siegel, eine Initiative der Bundesrepublik Deutschland, die dem Ministerium für Umwelt, Naturschutz und Reaktorsicherheit untersteht.
Ökologische Wahl	Kanada, 1988	Das kanadische Ecological Choice Programme (ECP) ist eine Initiative des Umweltministeriums. Dem Koordinierungsausschuss gehören Vertreter der öffentlichen Gesundheit, der Verbraucher, der Wissenschaft, der Juristen, der Industrie und des Handels an. Für die technischen Aspekte ist die Canadian Standards Association (CSA) zuständig.
Umweltzeichen	Japan, 1989	Dieses Umweltzeichen wird von der Japan Environment Association verwaltet und für Produkte vergeben, die standardisierte Anforderungen erfüllen.
NF Umwelt	Frankreich, 1989	Das französische Umweltzeichen ist ein Programm zur Zertifizierung von Produkten, die bei gleichwertiger Leistung geringere negative Auswirkungen auf die Umwelt haben.
Grünes Siegel	USA, 1990	Das US Green Seal ist eine privat initiierte, unabhängige und gemeinnützige Organisation, die 1990 mit dem Ziel gegründet wurde, Umweltparameter für Produkte, Produktkennzeichnung und Umwelterziehung in den USA festzulegen.
Umwelt Auswahl	Schweden, 1990	Das Siegel wurde mit dem Ziel geschaffen, Produkte zu zertifizieren, die für den Gebrauch geeignet sind und geringere Auswirkungen auf die Umwelt haben als vergleichbare auf dem Markt erhältliche Produkte.

Umweltzeichen	Europäische Gemeinschaft, 1992	Das Umweltzeichen, das auf einen Beschluss des Europäischen Parlaments aus dem Jahr 1987 zurückgeht und vom Rat der Europäischen Union umgesetzt wurde, ist ein 1992 geschaffenes Zeichen, das ein gemeinschaftliches Umweltkennzeichnungssystem widerspiegelt. Eines seiner Ziele ist die Einführung eines einheitlichen Umweltzeichens in der Europäischen Union.
ABNT-Qualitätssiegel	Brasilien, 1993	Das ABNT-Umweltgütesiegel des brasilianischen Verbands für technische Normen, dem Vertreter der ISO in Brasilien. ABNT nimmt als stimmberechtigtes Gründungsmitglied an der Entwicklung der ISO 14000-Normen teil.

Quelle: angepasst von Dias (2009).

Diese Zeichen sind nicht unbedingt dazu gedacht, bestimmte Produkte oder Produktgruppen als umweltfreundlich auszuzeichnen. Einige dieser Labels wurden nur geschaffen, um Marktchancen zu nutzen, die immer größer und strenger werden, was die Aufmerksamkeit für die Umwelt angeht, und immer größere Teile der Verbrauchermärkte erreichen, die Produkte bevorzugen, die einer weniger belastenden und korrekteren Umwelteinstellung entsprechen (DIAS, 2009).

Gegenwärtig bilden mehr als 20 Länder das globale "Umweltzeichen"-Netzwerk, darunter auch Brasilien, das durch das Umweltqualitätssiegel der brasilianischen Vereinigung für technische Normen (ABNT), dem ISO-Vertreter im Land, vertreten wird.

Die Bedeutung einer Umweltzertifizierung im Unternehmensbereich liegt daher auf der Hand, da sie eine Reihe von Vorteilen bietet, wie z. B. die Einhaltung von staatlichen Vorschriften, die Erfüllung der Anforderungen neuer Verbraucher, die Verbesserung des Umweltmanagementsystems und die Senkung der Betriebskosten (HARRINGTON; KNIGHT, 2001).

2.2.2 Umweltmanagementsystem (EMS)

Die Umweltproblematik ist in vielen Wirtschaftszweigen zu einem wichtigen Thema geworden, da die meisten Unternehmen bei der Ausübung ihrer Tätigkeit auf die Umwelt und ihre Ressourcen angewiesen sind. Leider reicht die Einführung einfacher Qualitätsprogramme durch die Organisationen nicht mehr aus, um gute Ergebnisse zu garantieren. Deshalb halten sich die Unternehmen, insbesondere im Hotelgewerbe, zunehmend an die Praktiken des Umweltmanagementsystems (UMS).

Ein UMS ist der Teil des Managementsystems einer Organisation, der zur Entwicklung und Umsetzung ihrer Umweltpolitik und zum Management ihrer Umweltaspekte dient (ABNT, 2004).

Nach Dias (2011) kann das Umweltmanagementsystem als eine Reihe von organisatorischen Verantwortlichkeiten, Maßnahmen, Verfahren, Prozessen und Ressourcen definiert werden, die angenommen werden, damit ein Umweltmanagementsystem in einem bestimmten Unternehmen oder einer Produktionseinheit umgesetzt werden kann.

In Anlehnung an die Definition des UMS von Dias und zur besseren Verständlichkeit bietet Caon (2008) ein praktisches Beispiel, das den Zweck eines Umweltmanagementsystems erläutert. Dem Autor zufolge besteht das Ziel des UMS darin, das Niveau der Umweltleistung zu erreichen, zu kontrollieren und aufrechtzuerhalten, das in den derzeit geltenden Rechtsnormen im Zusammenhang mit der nachhaltigen Entwicklung festgelegt ist, wie z. B. ISO 14000.

Die Einführung und Zertifizierung von UMS hat sich angesichts der Notwendigkeit, im Sinne einer nachhaltigen Entwicklung zu handeln, als weltweiter Trend herauskristallisiert. Obwohl die Umweltgesetzgebung immer strenger wird, halten sich die Unternehmen an Umweltmanagementsysteme, um sich von der Konkurrenz abzuheben und Produkte oder Dienstleistungen mit ökologisch angemessenen Verfahren zu liefern (GAIA, 2001).

Dias (2011) stellt fest, dass die Einführung eines UMS in einem Unternehmen mit Veränderungen der Umweltkultur und des Umweltbewusstseins in allen Bereichen einhergehen muss, wobei einige der Gewohnheiten und Bräuche der Vergangenheit, die nicht positiv zu den neuen Praktiken beitragen, hinter sich gelassen werden müssen. Ein weiteres wichtiges Thema, das auf allen Hierarchieebenen überdacht und bearbeitet werden muss.

Gonçalves (2004) beschreibt vier Arten von Systemen, die in brasilianischen Hotels eingeführt wurden. Diese Systeme sind in Tabelle 06 dargestellt.

Schaubild 6 - Arten von Systemen, die im brasilianischen Gastgewerbe eingesetzt werden.

Systemtypen	Beschreibung
ABIH-Umweltsystem	Gastgeber der Natur: Die Maßnahmen orientieren sich an drei Grundsätzen mit einem operativen Programm, das vier Phasen umfasst: 1 - Sensibilisierung und Einhaltung der Vorschriften; 2 - Schulung des Unternehmers und seiner Mitarbeiter; 3 - Ausarbeitung von Umweltplänen und 4 - Erlangung einer Umweltzertifizierung.

Umweltfreundlicheres Produktionssystem	Die Suche nach Produkten, die bei ihrer Herstellung die Umwelt so wenig wie möglich belasten.
Autonomes Umweltsystem	Von einigen Hotels oder Ketten entwickelt, um den Wasser- und Energieverbrauch, das Recycling und/oder allgemeinere Ziele zu steuern.
Umweltsystem auf der Grundlage von ISO 14001	Dieses System besteht aus sechs Phasen: 1 - Umweltpolitik, Ziel: Vermeidung von Umweltverschmutzung. 2 - Planung, die darauf abzielt, die zu erreichenden Ziele zu definieren. 3 - Umsetzung und Betrieb. 4 - Überprüfung, in dieser Phase wird die Übereinstimmung des UMS mit den gesetzlichen Anforderungen analysiert. 5 - Analyse der Verwaltung. 6 - Kontinuierliche Verbesserung.

Quelle: in Anlehnung an Gonçalves (2004).

Neben der Erfüllung der Anforderungen der ISO 14001-Norm müssen Organisationen, die das System anwenden und eine Zertifizierung im Bereich Soziales und Umwelt anstreben, einen Prozess der kontinuierlichen Verbesserung durchführen, um die festgelegte Umweltpolitik einzuhalten. Dieser Prozess wird als PDCA (Plan, Do, Check and Act) bezeichnet, was ins Portugiesische übersetzt so viel bedeutet wie: Planen, Umsetzen, Prüfen und Handeln, und sein Hauptziel besteht darin, das System zu überwachen, zu bewerten und die notwendigen Korrekturen vorzunehmen, um es aufrechtzuerhalten (PCTS, 2004). Dieser Prozess wird in Abbildung 02 vereinfacht dargestellt.

Zu den Vorteilen des Systems gehört, dass ein UMS den Organisationen Ordnung und Bewusstsein für ihre Umweltbelange gibt, indem es Ressourcen zuweist, Verantwortlichkeiten festlegt und die Praktiken und Prozesse kontinuierlich bewertet (ABNT, 1996). Darüber hinaus kann ein UMS laut Assumpção (2009) der Organisation helfen, den interessierten Parteien (Mitarbeitern, Kunden und Lieferanten) Vertrauen zu geben.

Abbildung 2 - Zyklus Planen, Tun, Handeln und Kontrollieren.

Quelle: PCTS, (2004).

Harrington und Knight (2001) stellen fest, dass ein wirksames UMS, das die Anforderungen der ISO 14001-Norm erfüllt oder übertrifft, viele Vorteile bietet. Einige dieser Vorteile sind: die Erwartungen des Managements werden den Mitarbeitern klar vermittelt; die Organisation hat ein viel berechenbareres Design; das UMS bietet eine Grundlage für alle organisatorischen Verbesserungsaktivitäten; das UMS minimiert die Anzahl der auftretenden Fehler, da es Arbeitsanweisungen dokumentiert; es beseitigt auch die Notwendigkeit, "das Rad immer wieder neu zu erfinden" und ermöglicht es, sicherzustellen, dass die Gewinne aus Verbesserungen erfasst und verinnerlicht werden.

2.2.3 Umweltmanagement in Hotelprojekten

Die Sorge um die Umwelt hat in den letzten Jahren zugenommen und betrifft auch das Hotelgewerbe, weshalb verschiedene Maßnahmen vorgeschlagen werden. Ein Beispiel dafür ist eine Partnerschaft zwischen dem brasilianischen Tourismusinstitut (EMBRATUR) und dem brasilianischen Hotelverband (ABIH) für die neue Hotelklassifizierung, in der von diesen Unternehmen verlangt wird, dass sie sich mehr um die Umwelt kümmern, um die Fünf-Sterne-Klassifizierung zu erhalten, indem sie in ihre Klassifizierungsverfahren Maßnahmen und Prozesse einbeziehen, die eine Haltung kennzeichnen, die der Umweltverantwortung Vorrang einräumt (CAON, 2008).

Als Anreiz für Unternehmen des Gastgewerbes, Umweltmanagementpraktiken in ihre Aktivitäten einzubringen, beschloss die Regierung 2006 die Schaffung des ABNT und die brasilianische Norm (NBR) 15401, die sich an Beherbergungsbetriebe und ihr Nachhaltigkeitsmanagementsystem richtet, das auf die Planung und Durchführung von Aktivitäten nach den Grundsätzen des nachhaltigen Tourismus ausgerichtet ist. Sie kann auf Unternehmen jeder Größe und Art angewendet werden. Die gesetzlichen Anforderungen enthalten Informationen über die wesentlichen ökologischen, soziokulturellen und wirtschaftlichen Auswirkungen, die ein Unternehmen dieser Art verursachen kann (NBR 15401, 2006).

Die vorgenannte Norm berücksichtigt auch die gesetzlichen Anforderungen und enthält Informationen über ökologische, soziokulturelle und wirtschaftliche Auswirkungen, die als Umweltanforderungen von Bedeutung sind. Sie legt auch Praktiken für die Vorbereitung und Schulung für Umweltnotfälle fest, wie z. B.: Fauna und Flora, Naturgebiete, Landschaftsgestaltung, Architektur und die Auswirkungen von Bauwerken auf die Umwelt, in der sie sich befinden, feste Abfälle und Abwässer, Energieeffizienz, Erhaltung und Management der Wassernutzung und die Auswahl und Verwendung von umweltaggressiven oder nicht-aggressiven Betriebsmitteln (NBR 15401, 2006).

Ausgehend von dieser Annahme fügt Gonçalves (2004) hinzu, dass in diesem neuen Geschäftsszenario die Unternehmen, ob im Gastgewerbe oder nicht, unter starkem Druck stehen, sich zu verändern. Dies ist das Ergebnis der Anerkennung wichtiger Themen, wie z. B. der Umwelt. Dieser Druck wird durch eine Reihe von unmittelbaren Kräften wie Gesetze, Geldstrafen und das Profil neuer Verbraucher repräsentiert, die die Unternehmen zwingen, sich auf das Umweltzeitalter einzustellen oder sogar ihr Geschäft aufzugeben.

Zusammenfassend lässt sich sagen, dass die neue Ära der umweltbewussten Unternehmen zur Entwicklung einer neuen Umweltkultur in diesen Organisationen und neben der bereits bestehenden Organisationskultur beitragen wird. Dies konnte als Brücke zu einem harmonischeren Verhältnis zur Umwelt dienen, da es sich um einen langfristigen, globalen Prozess handelt, zu dem jeder seinen Beitrag leisten muss, indem er stets nach Verbesserungen und/oder einer Verbesserung seiner Praktiken sucht. So können diese Unternehmen ihre Prozesse mit der geringstmöglichen Umweltbelastung durchführen und die Verbraucher erreichen, die immer anspruchsvoller werden, wenn es um nachhaltiges Handeln geht.

Um die Lektüre und das Verständnis zu erleichtern, werden in Tabelle 07 einige der in diesem Kapitel behandelten Themen zusammengefasst.

Tabelle 7 - Zusammenfassung der in diesem Kapitel behandelten Literatur.

Thema	Themen	Referenzen
Verantwortung	• Druck von Seiten der Regierung, Maßnahmen	Donaire (2012)

Umweltorientierte Unternehmen	zu ergreifen, die eine maximale Unterstützung für die Umwelt gewährleisten; • "Ökologisch" korrekte Unternehmen, die mit Öko-Labels gekennzeichnet sind. • Stärkung des Umweltbewusstseins;	Barbieri (2007) Tachizawa (2010) Kohlrausch (2003) Valle (1995) Harrington und Knight (2001)
Umweltmanagementsystem - EMS	• Umweltmanagement als Managementinstrument zur Steigerung der Wettbewerbsfähigkeit; • Eine Reihe von organisatorischen Zuständigkeiten, Maßnahmen, Verfahren, Prozessen und Ressourcen, die eingeführt werden, damit ein Umweltmanagementsystem in einem bestimmten Unternehmen oder einer Produktionseinheit umgesetzt werden kann.	Dias (2011) ABNT (2004) Gaia (2001)
Umweltmanagement bei Hotelentwicklungen	• Umweltzertifizierungen; • Neue Maßnahmen, die den Hotelunternehmen vorgeschlagen werden; • Neue Hotelklassifizierung.	Caon (2008) NBR 15401 (2006) ISO 14001 (2012) Gonçalves (2004)

Quelle: Forschungsdaten (2015).

3 METHODIK

Nach Martins und Teóphilo (2007) befasst sich die Methodologie mit den Variablen, durch die die Realität als Funktion der Wissenschaft erreicht und erfasst werden kann. Sie ist auch der Gegenstand, der die in der Studie verwendeten Methoden und Kriterien vervollkommnet, um ein bestimmtes vorgeschlagenes Ziel zu erreichen.

Um die Forschungsziele zu erreichen, werden in diesem Abschnitt die in dieser wissenschaftlichen Studie verwendeten methodischen Verfahren vorgestellt. Die Wahl dieser methodischen Verfahren zielte darauf ab, dem Umfang der Forschung sowie dem untersuchten Gegenstand gerecht zu werden. Bei dieser Untersuchung wurde ein qualitativer Ansatz mit einem beschreibenden Ziel verwendet.

Als Forschungstechnik wurde eine Fallstudie verwendet, bei der die Informationen mit Hilfe eines halbstrukturierten Interviewskripts gesammelt wurden, wobei die Methodik zur Durchführung der Studie berücksichtigt wurde. Die Art der Forschung, die Teilnehmer und das Umfeld, in dem die Studie durchgeführt werden sollte, wurden bei der Erstellung des Interviewskripts ebenso berücksichtigt wie das Erhebungsinstrument, die Datenanalyse und die Behandlung. Die gesammelten Informationen wurden mithilfe von Techniken der Inhaltsanalyse interpretiert.

3.1 ART DER FORSCHUNG

Was die Art der Arbeit betrifft, so haben wir uns für die deskriptive Forschung entschieden, die nach Vergara (2007) darauf abzielt, die Merkmale einer bestimmten Population oder eines bestimmten Phänomens zu beschreiben. Eine ihrer Besonderheiten ist die Verwendung standardisierter Datenerfassungstechniken wie Fragebögen und systematische Beobachtung mit dem Ziel, Phänomene oder technische Systeme zu beobachten, aufzuzeichnen und zu analysieren, ohne jedoch auf den Inhalt einzugehen.

Durch diese Wahl war es möglich, Daten zu ermitteln und zu erhalten, die es uns ermöglichten, die Wahrnehmung von Managern in Bezug auf soziale Verantwortung und Nachhaltigkeitspraktiken im Kontext des Szenarios zu verstehen, das die Unternehmen des Hotelsektors in der Stadt Mossoró, Rio Grande do Norte, erleben.

Für die Studie wurde auch qualitative Forschung verwendet, die Creswell (2010, S. 43) als "ein Mittel zur Erforschung und zum Verständnis der Bedeutung, die Einzelpersonen oder Gruppen einem sozialen oder menschlichen Problem beimessen" definiert.

Martins und Teóphilo (2007) argumentieren, dass die qualitative Methode durch die

Beschreibung, das Verständnis und die Interpretation von Fakten und Phänomenen gekennzeichnet ist, im Gegensatz zur quantitativen Bewertung.

Nach Denzin und Lincoln (2006) betonen qualitative Wissenschaftler den sozial konstruierten Charakter der Realität, die tiefe Beziehung zwischen dem Forscher und dem, was erforscht wird, und die Hindernisse, die durch die von der Forschung beeinflussten Situationen verursacht werden. Die qualitative Studie stellt nach Ansicht dieser Autoren den Forscher in den Mittelpunkt des Forschungsprozesses und sucht nach lösbaren Ressourcen für Fragen, die aufzeigen, wie soziale Erfahrungen entstehen und somit Bedeutung erlangen können. Wenn man die sozial und historisch konstruierte Realität, die hinter dem Thema Nachhaltigkeit steht, als Maßstab nimmt, sowie das Ziel dieser Dissertation, die Wahrnehmung der Manager der Hotelkette in Mossoró, Rio Grande do Norte, über die Praktiken der Corporate Environmental Responsibility und der Nachhaltigkeit zu verstehen, ist die qualitative Methode am besten geeignet.

Was den Zweck betrifft, so wurde eine Fallstudie verwendet. Nach Yin (2005, S. 33) umfasst "die Fallstudie als Forschungsstrategie eine Methode, die alles umfasst - von der Planungslogik bis zu den Techniken der Datenerhebung und den spezifischen Ansätzen der Datenanalyse". Ergänzend zu dieser Idee stellt Vergara (2007) fest, dass die Fallstudie auf eine oder einige wenige Einheiten beschränkt werden kann, wie z. B. eine Person, eine Familie, ein Produkt, eine öffentliche Einrichtung, eine Gemeinschaft und ein Unternehmen oder eine Gruppe von Unternehmen, um die es in dieser Untersuchung geht. Dies bedeutet, dass der Forscher in der Lage ist, die Arbeitsumgebungen kennenzulernen, in denen das betreffende Phänomen verstanden werden soll.

3.2 CHARAKTERISIERUNG DER UMWELT UND DER FORSCHUNGSTEILNEHMER

Um die Forschungsziele zu erreichen, wurden vier Hotelbetriebe in der Stadt Mossoró im Bundesstaat Rio Grande do Norte ausgewählt, wobei ihre Größe (Anzahl der Wohneinheiten), ihr Umsatz, die Anzahl der Beschäftigten und ihr Standort berücksichtigt wurden. Um die Vertraulichkeit der Informationen über die einzelnen befragten Unternehmen zu wahren, wurden für jedes dieser Unternehmen fiktive Namen gewählt: Hotel 1, 2, 3 bzw. 4.

Das Hotel 1 ist ein Resort, das auf einer reichen Mineralienprovinz errichtet wurde. Auf 200.000 Quadratmetern befinden sich 11 Thermalbecken, Gärten und viel Grün, die den Gästen eine Welt der Erholung in einem perfekten Rahmen für einen gesunden Aufenthalt bieten. Auch Nicht-Gäste können das Thermalwasser gegen eine Eintrittsgebühr genießen. Das Hotel befindet sich im Stadtzentrum von Mossoró. Es verfügt über 235

Angestellte und 120 Wohneinheiten. Der Freizeitbereich umfasst eine Restaurant-Bar, einen künstlichen See mit Tretbooten und Kajaks, eine Grünanlage, einen Fußballplatz, Sportplätze, ein Fitnessstudio, Squashplätze, Tennisplätze, ein Spielzimmer, eine Riesenwasserrutsche, eine nasse Rampe, einen nassen Spielplatz, Sandvolleyball, Abseilen, einen Wanderweg, 11 Thermalbecken und ein Becken mit normaler Temperatur. Laut seiner Website ist die Geschichte des Hotels mit der Entdeckung von Erdöl in der Stadt Mossoró verbunden. Diese Verbindung wird durch eine pittoreske Begebenheit verdeutlicht: als die Becken zum ersten Mal aufgefüllt wurden. Die Pumpen arbeiteten die ganze Nacht hindurch, und am Morgen waren die Becken voll mit Öl.

Das Hotel 2 liegt 3 km vom Zentrum von Mossoró entfernt, in der Nähe der Ausfahrt nach Fortaleza. Es verfügt über 269 Betten, davon 110 Wohnungen, und wird laut Angaben auf der eigenen *Website* als Hotel mit internationalem Standard bezeichnet. Es hat 70 Angestellte und bietet guten Service und Raffinesse. Es bietet Einrichtungen und Zimmer für Gäste mit eingeschränkter Mobilität. Außerdem gibt es ein *Business Center* mit Computern und eine 24-Stunden-Rezeption mit zweisprachigen Rezeptionisten sowie ein Außenschwimmbad, einen Fitnessraum und eine Sauna. Das Hotel verfügt über keine Umweltzertifizierung, aber es werden einige Maßnahmen zum Schutz der Umwelt ergriffen, wie z. B. die getrennte Müllsammlung, die Automatisierung der Stromzufuhr und die Wiederverwendung von verbrauchtem Wasser.

Das an einer der Hauptstraßen von Mossoró gelegene Hotel 3 verfügt über 106 Wohnungen mit 320 Betten, eine Rezeption mit *Internetcafé* und Bibliothek, einen Swimmingpool, eine Bar, ein Restaurant mit 200 Plätzen, einen Lebensmittelladen, Kabelfernsehen, einen Privatparkplatz (überdacht und geschlossen), eine Wäscherei sowie drei Tagungsräume mit kompletter Infrastruktur und ausgezeichneten Qualitätsdienstleistungen. Die privilegierte Lage liegt zwischen zwei der größten touristischen Hauptstädte des Nordostens (Fortaleza und Natal), mit einer durchschnittlichen Entfernung von 260 km.

Das Hotel 4 schließlich, das sich ebenfalls an einer der Hauptstraßen von Mossoró befindet, verfügt über 83 Apartments und Suiten in vier Kategorien, die sich in Bezug auf die räumlichen Gegebenheiten, die Aufteilung und die Ausstattung unterscheiden und teilweise über besondere Merkmale wie einen separaten Sozialbereich, eine Küche, einen Balkon oder einen privaten Garten verfügen. Es hat sich zum Ziel gesetzt, die Umwelt so wenig wie möglich zu belasten, indem es Maßnahmen zur Überwachung und ständigen Verbesserung seiner Prozesse und Aktivitäten ergreift, eine rationelle Nutzung der natürlichen Ressourcen anstrebt, seine Mitarbeiter sensibilisiert und schult und seine Kunden und Partner sensibilisiert, wie es auf seiner *Website heißt*.

Um die Aufnahme und das Verständnis der genannten Informationen zu erleichtern, sind in der nachstehenden Tabelle 08 die wichtigsten Merkmale der befragten Unternehmen aufgeführt.

Tabelle 8 - Merkmale der untersuchten Hotels.

Hotels	Herkunft	Anzahl der Mitarbeiter	Anzahl der Einheiten	Charakterisierung	Wert der Täglich
Hotel 1	Initiative Öffentlich	235	120	Kompletter Freizeitbereich; Restaurant-Bar; Künstlicher See mit Kajaks und Tretbooten; Große Grünfläche; Fußballplatz; Sportplätze; Fitnessstudio; Squashplatz; Courts Tennisplatz; Spielzimmer; Wasserrutsche; nasse Rampe; Sandvolleyballplatz; Joggingstrecke; Großbildleinwand mit Musikvideos; Bauernhof; Obstgarten; Gemüsegarten; Pferdekutschenfahrten; Veranstaltungsräume; Split-System-Klimaanlage in allen Wohnungen; 32"-LCD-Fernseher In allen Wohnungen; Transfer im luxuriösen 16-Sitzer-Auto; Live-Musik-Shows; Gastronomische Feste.	Von R$554.00
Hotel 2	Netzwerk Hotels	70	110	Freibad; Fitnessraum; Sauna; Restaurant; 24-Stunden-Bar; Parkplatz; Wi-Fi; Partyraum; Valet-Service.	Von R$260.00
Hotel 3	Familienunternehmen	35	106	Freizeitbereich; Restaurant; Wi-fi; Parkplatz.	Von R$119.00
Hotel 4	Familienunternehmen	50	83	Organisation von Touren und	Von

| | | | | Ausflügen; Versenden von Korrespondenz; Waschküche; Zimmer Dienst; Parkplatz; Unterkunft für Haustiere; Autovermietung; Express-Check-out; Kostenloses Wi-Fi; Messenger. | R$152.90 |

Quelle: Forschungsdaten (2015).

Hinsichtlich des Profils der Untersuchungsteilnehmer wurden vier Manager ausgewählt (einer für jedes befragte Hotelunternehmen), deren Namen ebenfalls fiktiv sind und die zur Wahrung der Vertraulichkeit der bereitgestellten Informationen als GH1 bis GH4 bezeichnet wurden. Tabelle 09 zeigt die folgenden Informationen:

Schaubild 9 - Profil der Forschungsteilnehmer (taktischer Bereich).

Code	Position	Alter	Sex	Bildung	Dauer der Betriebszugehörigkeit
GH1	Kaufmännischer Leiter	42 Jahre	Männlich	Fachwissen	7 Jahre
GH2	Operativer Leiter	37 Jahre	Männlich	Überlegene	3 Jahre
GH3	Generaldirektor	56 Jahre	Weiblich	Überlegene	25 Jahre
GH4	Qualitätsmanager	35 Jahre	Weiblich	Fachwissen	9 Jahre

Quelle: Forschungsdaten (2015).

Die Auswahl der Teilnehmer erfolgte nach dem Prinzip der theoretischen Sättigung, das nach Fontanella, Ricas und Turato (2008, S. 17) "eine Aussetzung der Aufnahme neuer Teilnehmer in die Forschung darstellt, wenn die gewonnenen Daten redundant werden". Auf diese Weise würde die Aufnahme neuer Befragter der Arbeit nur wenig hinzufügen und wurde daher auf die vom Autor der Studie angegebene Anzahl beschränkt.

3.3 DATENERFASSUNGSINSTRUMENT

Die Datenerhebung ist nach Rudio (1999) die Phase der Forschung, die darauf abzielt, Informationen über die zu untersuchende Realität zu erhalten. In Bezug auf das Datenerhebungsinstrument stellt Mattar (1999) fest, dass es sich um das Dokument handelt, mit dem die Fragen an die Befragten gestellt und ihre Antworten aufgezeichnet werden.

Datenerhebungsinstrumente sind alle möglichen Formen, die verwendet werden, um die zu erhebenden Daten in Beziehung zu setzen, wobei jede Form der Verwaltung verwendet wird, wie z. B. Fragebögen, Themen, die während eines Interviews verfolgt werden sollen, Interview-Skripte usw. (MATTAR, 1999).

Nach der Fertigstellung der theoretischen Grundlage ging es an die Entwicklung des Datenerhebungsinstruments, das in dieser Untersuchung wie folgt entwickelt wurde: durch Leitfragen und Indikatoren für jede untersuchte Dimension, die ein halbstrukturiertes Skript für das Interview mit den Managern der einzelnen untersuchten Betriebe bilden.

In Bezug auf halbstrukturierte Interviews stellen Martins und Teóphilo (2007, S. 86) fest, dass: "Das halbstrukturierte Interview wird anhand eines Skripts geführt, wobei der Interviewer jedoch die Freiheit hat, neue Fragen hinzuzufügen". Ausgehend von der Position der oben genannten Autoren haben wir gezielte Fragen verwendet, die im Protokoll für diese Untersuchung enthalten sind, das auf der Dissertation von Santos (2009) basiert und an den Gegenstand dieser Studie und die Vertreter der Forschung angepasst wurde. Das halbstrukturierte Skript wurde um neue Fragen ergänzt, damit diese interpretiert und in einen für die Forschung anwendbaren Inhalt umgewandelt werden konnten.

Die Interviews wurden zuvor persönlich mit jeder Führungskraft vereinbart, sofern diese am Arbeitsplatz verfügbar war. Die Daten wurden im November und Dezember 2015 erhoben. In den jeweiligen Unternehmen, denen die Führungskräfte angehören. Die Interviews dauerten durchschnittlich eine Stunde, wurden elektronisch aufgezeichnet und anschließend zuverlässig in Microsoft Word 2013 transkribiert, damit sie später ausgewertet werden konnten.

3.4 DATENVERARBEITUNG UND -ANALYSE

In Bezug auf die qualitative Inhaltsanalyse stellt Moraes (1999) fest, dass sie sich nicht nur auf die Definition beschränken sollte, sondern dass es für den Forscher sehr gesund ist, zu versuchen, weiter zu gehen, d. h. durch Schlussfolgerungen und Interpretationen ein tieferes Verständnis für den Inhalt der Botschaften zu erlangen.

Die Datenanalyse wurde auf der Grundlage der Studien von Bardin (2004) durchgeführt. Nach Ansicht des Autors sollte die Datenanalyse in drei Phasen unterteilt werden: a) Voranalyse, b) Erkundung des Materials und Verarbeitung der Daten und c) Schlussfolgerung und Interpretation.

Die von Bardin vorgeschlagene erste Phase wird von Câmara (2013, S. 183) als "Organisationsphase" beschrieben. In dieser Phase wird ein Arbeitsplan erstellt, der präzise sein muss, mit genau definierten, wenn auch flexiblen Verfahren". Mit anderen Worten: In dieser Phase geht es vor allem darum, das Material zu organisieren und zu analysieren, wie die Daten verarbeitet werden sollen. Was sollte verwendet werden, was sollte verworfen werden und was kann eventuell neu gemacht werden. In dieser Untersuchung haben wir uns für Interviews mit einem halbstrukturierten Skript entschieden, die zuverlässig transkribiert wurden und deren Kombination die Ergebnisse der Studie darstellt.

Die zweite Phase der Theorie von Bardin (2004), die als Exploration des Materials bezeichnet wird, ist die Interpretation der transkribierten Interviews (CÂMARA, 2013). Diese Phase besteht aus Auszügen aus den Interviews, insbesondere aus den angegebenen Fragen, die mit den vorher festgelegten Zielen übereinstimmen.

In der dritten und letzten Phase der Datenverarbeitung, dem Moment der Schlussfolgerung und Interpretation, wurde das gesamte durch die Interviews gesammelte Material analysiert, um es in aussagekräftige und angemessene Informationen umzuwandeln, damit die Ergebnisse erzielt werden konnten (BARDIN, 2004).

Um das Verständnis des Vorschlags für die Datenanalyse zu erleichtern, werden in Tabelle 10 die spezifischen Ziele in Bezug auf die Analysekategorien und die nachfolgenden Datenerhebungsinstrumente dargestellt.

Abbildung 10 - Analysekategorien und ihre spezifischen Ziele.

Spezifische Ziele	Kategorien	Instrument
Analyse und Beschreibung der Umweltmanagement- und Nachhaltigkeitspraktiken, die von den Managern der wichtigsten Hotelbetriebe in der Gemeinde Mossoró, Rio Grande do Norte, umgesetzt werden;	Umweltmanagement und Nachhaltigkeit	Fragen 1, 3, 4 und 7 in Anhang B.
Verständnis der Vorteile und Herausforderungen bei der Umsetzung von Umweltpraktiken aus der Sicht von Managern	Nachhaltigkeit	Fragen 4 und 5 in Anhang B.
Herausfinden, welche Maßnahmen zur Umwelterziehung ergriffen werden und wie sie an die Fachleute und Kunden der untersuchten Organisationen weitergegeben werden.	Umweltbildung	Fragen 8, 9 und 18 in Anhang B.

Quelle: Forschungsdaten (2015).

Die Inhaltsanalyse wurde über einen Zeitraum von durchschnittlich zwei Monaten, d. h. im Januar und Februar 2016, durchgeführt. Diese Phase basierte auf einer detaillierten Interpretation jeder Kategorie auf der Grundlage des produzierten Materials, der Interview-

Skripte und der im Laufe der Studie angegebenen Literatur, um die Kohärenz bei der Erfüllung der von der Forschung vorgeschlagenen Ziele zu gewährleisten.

4 ANALYSE UND DISKUSSION DER ERGEBNISSE

In diesem Abschnitt werden die Ergebnisse der Untersuchung vorgestellt und die Umweltmanagement- und Nachhaltigkeitspraktiken, die Vorteile und Herausforderungen bei ihrer Umsetzung sowie die Maßnahmen zur Umwelterziehung und ihre Nuancen in den untersuchten Hotelunternehmen erläutert.

4.1 ZU UMWELTMANAGEMENT UND NACHHALTIGKEITSPRAKTIKEN IN DEN UNTERSUCHTEN HOTELUNTERNEHMEN

Auf die Frage nach der Einbeziehung des Hotelmanagements in den Prozess der Einführung und Aufrechterhaltung von Umweltpraktiken wurden folgende Aussagen gemacht:

> Diejenigen von uns, die für die Leitung und Verwaltung des Hotels verantwortlich sind, engagieren sich zu 100 Prozent und sind direkt an der Umsetzung neuer und der Erhaltung bestehender Umweltpraktiken beteiligt (GH1, 2015).

> Wir sind direkt involviert. Bei jeder Umsetzung, die auf uns zukommt, ist unser Management direkt in die Unterstützung involviert und sorgt dafür, dass wir mit unseren Maßnahmen Erfolg haben (GH2, 2015).

> Das Unternehmen führte ein SEBRAE-Programm mit der Bezeichnung "Besserer Tourismus" ein. Zu den Phasen der Umsetzung des Programms gehörte ein Teil, der sich auf das Umweltmanagement konzentrierte, bei dem es um Energieeffizienz und Lebensmittelsicherheit ging; es war also ein Prozess, den wir, glaube ich, elf Monate lang umgesetzt haben. Und alle Manager waren direkt in diesen Prozess eingebunden, einschließlich der Hotelleitung (GH3, 2015)

> Wenn wir hier etwas umsetzen wollen, kommt es immer von uns. Also: Wir hören uns immer die Meinungen aller Mitarbeiter an, aber im Umweltbereich bekommen wir nie Vorschläge, also kamen die einzigen Vorschläge, die wir hatten, die wenigen, die wir umsetzen konnten, von uns (GH4, 2015).

Trotz des Bewusstseins für die Bedeutung von Strategien und Praktiken, die auf Umweltmanagement und Nachhaltigkeit abzielen, scheint es in den untersuchten Hotels nur wenige Initiativen zu deren Umsetzung zu geben. Aus den Antworten geht klar hervor, dass nur GH3 einen expliziten Vorschlag für Praktiken in der Organisation, in der er arbeitet, erwähnte, den er als SEBRAEs "Better Tourism"-Programm bezeichnete und auf eine bessere Nutzung von Energieressourcen und Lebensmittelsicherheit hinwies, ein Prozess, der etwa 11 Monate dauerte. Die anderen Befragten zeigten, dass sie sich der Umweltproblematik bewusst sind und bereit sind, Vorschläge und Meinungen zu hören, aber sie äußerten sich nicht dazu, welche Strategien sie in den Organisationen, in denen sie arbeiten, entwickelt haben.

Nach Rushmann (2008) ist die Entwicklung und Aufrechterhaltung einer nachhaltigen Planung äußerst wichtig und unabdingbar für eine ausgewogene Tourismusentwicklung im Einklang mit den physischen, kulturellen und sozialen Ressourcen der aufnehmenden Regionen, um zu verhindern, dass der Tourismus die Grundlagen seiner Existenz zerstört.

Medeiros und Moraes (2013) zeigen, dass die Haltung des nachhaltigen Tourismus mit der Entwicklung einer Aktivität einhergeht, die das Bewusstsein des Menschen für seine Auswirkungen zu jeder Zeit zum Ausdruck bringt. Es gibt keine Möglichkeit mehr, die Nicht-Existenz der manchmal negativen Folgen von Praktiken, die nur auf wirtschaftlichen Visionen basieren, zu bestätigen, insbesondere im Hinblick auf die Umwelt, wobei die Grenzen der zu nutzenden natürlichen Ressourcen anerkannt werden. So müssen die befragten Hotelunternehmen in Mossoró über den wirtschaftlichen Aspekt hinaus denken und sich mehr Gedanken über die Umsetzung von Programmen und Praktiken machen, die Umweltmanagement und Nachhaltigkeit im lokalen Tourismuskontext beinhalten, um alle in der Gemeinde vorhandenen Aktivitäten zu erhalten.

Auf die Frage, was das Hotel von anderen Hotelbetrieben unterscheidet, antworteten die Manager, dass:

> Unser Alleinstellungsmerkmal sind zweifelsohne unsere Thermalbecken, die eine Durchschnittstemperatur von 48 Grad erreichen. Unser Service ist auch unsere Stärke; wir werden von unseren Kunden immer wieder für die Betreuung durch unser Personal gelobt (GH1, 2015).

> Jeden Tag versuchen wir, uns im Rahmen der Umweltvorschriften und anderer Normen zu verbessern, damit wir unseren Kunden und auch unseren Mitarbeitern immer einen besseren Service bieten können, damit dies ein Ort mit einer guten Umwelt ist, der den Vorschriften entspricht. Ich denke, eines unserer Unterscheidungsmerkmale ist das Streben nach Qualität, um zu den Besten in unserer Region, unserer Stadt zu gehören (GH2, 2015).

> Ich denke, was uns hier auszeichnet, ist die Qualität des Service, das Wichtigste, denn wir haben auch andere Qualitäten, zum Beispiel in Bezug auf die Essenspraktiken, unser Restaurant ist sehr gut angesehen, wir haben gutes Essen (GH3, 2015).

> Ich denke, der Gast genießt hier ein Hotel mit viel Grün, viel Freiraum, aber mitten im Stadtzentrum. Ich denke, das ist der Unterschied, man ist in einem Hotel mit Bauernhofcharakter, aber im Stadtzentrum. In der Nähe von allem, gut gelegen (GH4, 2015).

Aus den Berichten geht hervor, dass der von den Hotelunternehmen angeführte

Differenzierungsfaktor nicht die Ausweitung der Grünflächen, die bessere Nutzung der natürlichen Ressourcen und der Umweltschutz sind, sondern andere Faktoren wie Qualität und Kundenservice. Nur GH4 zeigte, dass es wichtig ist, in Grünflächen zu investieren. Da die meisten Hotels in Mossoró in städtischen Gebieten liegen, wäre dies ein wichtiges Unterscheidungsmerkmal, das den Kunden eine bessere Lebensqualität und mehr Komfort während ihres Aufenthalts bieten würde.

Obwohl sich die Interessen der Organisationen eher auf andere Themen konzentrieren, stellt Dias (2009) fest, dass es interne und externe Anreize gibt, die ein Unternehmen zur Einführung von Umweltmanagementmethoden bewegen können. Die internen Anreize sind: die Notwendigkeit, die Kosten zu senken, was unmittelbare oder mittelfristige finanzielle Vorteile mit sich bringt, und die Sensibilisierung des internen Personals, was die Führungskräfte direkt beeinflusst, korrigierende oder proaktive Maßnahmen in Bezug auf die Umwelt zu ergreifen. Was die externen Anreize betrifft, so hebt derselbe Autor die Marktnachfrage, den Wettbewerb, die Behörden und die Umweltgesetzgebung sowie die Umweltzertifizierungen hervor, die einen wichtigen externen Anreiz für die Unternehmen darstellen, sowie die Lieferanten, die das Verhalten der Unternehmen beeinflussen.

Diese Faktoren verdeutlichen die Bedeutung, die ein gutes Umweltmanagement für Hotelunternehmen haben kann, da ein Unternehmen, das nachhaltige Praktiken anwendet, auf dem Markt bei potenziellen Kunden gut angesehen ist (COHEN, 2002), was einen Wettbewerbsvorteil darstellt und folglich die Umwelt schützt.

4.2 Vorteile und Hindernisse für die Umsetzung von Umweltpraktiken aus der Sicht der Manager

Nach der Interpretation der Aussagen der befragten Manager konnte festgestellt werden, dass deren Wissen über die Motivationen, den Nutzen, die Hemmnisse und den Wettbewerbsvorteil der befragten Unternehmen in Bezug auf Umweltthemen einheitlich ist, selbst wenn man berücksichtigt, dass es sich um unterschiedliche Unternehmen handelt.

Zu den Vorteilen der Einführung von Umweltpraktiken in Hotelunternehmen gaben die Befragten an, dass:

> Steuersenkungen, z. B. bei der Einkommensteuer. Nach der Anpassung an die Umweltlizenzen haben wir einige Steuern gesenkt (GH1, 2015).

> Hmmm... Es ist... ähm, Kostenreduzierung, der wichtige Fokus heute, unabhängig von dem Moment, den wir in unserer Wirtschaft durchmachen, Qualität ist... im Service, ich denke, Kostenreduzierung kommt, es ist sehr damit verbunden, wie, zum Beispiel, wir haben eine Kontrolle der Handtücher, Waschen von

> Handtüchern, Erhaltung und Einsparung von Wasser, das ist ein unverzichtbares Element heute, es gibt andere Mittel, die wir tun, um... um Qualität in dieser Hinsicht zu geben (GH2, 2015).
>
> Nun, bei den Praktiken, die wir bei dieser Umsetzung ausprobiert haben, haben wir die als "Fenster" bekannten Klimaanlagen durch zentrale Klimaanlagen ersetzt, und wir haben Energieeinsparungen erzielt. In den Wohnungen haben wir Karten angebracht, die alle elektrischen Geräte ausschalten, wenn der Gast die Wohnung verlässt, und wir haben auch einen Unterschied im Energieverbrauch festgestellt (GH3, 2015).
>
> Ich denke, die Umwelt dankt es uns, oder? Zum Beispiel ist es... die Reduzierung der Energiekosten, wir haben den grünen Tarif mit Cosern, bei dem wir jeden Tag für zwei Stunden den Generator zu Spitzenzeiten nutzen, zusätzlich zu den finanziellen Einsparungen helfen wir, die Umwelt zu erhalten (GH4, 2015).

Autoren wie Barbieri (2007) und Dias (2011) weisen darauf hin, dass Unternehmen einen Wettbewerbsvorteil erlangen, wenn sie ein Umweltmanagementsystem in ihre Betriebsabläufe einführen, und dass der Erwerb eines Umweltzeichens der beste Weg ist, um umweltfreundliche Produkte und Dienstleistungen zu differenzieren.

Dies unterscheidet sich von der Meinung der befragten Manager, die der Meinung sind, dass die Hauptvorteile der Einführung eines Umweltmanagementsystems in der Kostensenkung liegen.

Es ist zu erkennen, dass die Aufmerksamkeit der Manager bei der Entwicklung von Umweltpraktiken eher auf Kostenreduzierung und Geldeinsparung gerichtet ist. Faktoren wie Steuerermäßigung, Handtuchkontrolle, Austausch zentraler Klimaanlagen, die Verwendung von Schlüsselkarten an den Türen zum Ausschalten elektrischer Geräte, die Installation von LED-Glühbirnen, Anwesenheitssensoren usw. tragen zu der Einsicht bei, dass die Einsparungen und die Reduzierung der Ausgaben und damit die Effizienz der Ressourcennutzung umso größer sind, je mehr wir in Maßnahmen zum Schutz der Umwelt investieren.

Was die Herausforderungen bei der Entwicklung von Umweltpraktiken betrifft, so sind die Kommentare der Manager wie folgt:

> Die größten Hindernisse sind zweifellos die Sensibilisierung von Mitarbeitern und Kunden. Die Menschen dazu zu bringen, ihre Gewohnheiten zu ändern, und ihnen nicht länger zu erlauben, Verhaltensweisen anzunehmen, von denen sie dachten, dass sie ihr ganzes Leben lang üblich waren (GH1, 2015).
>
> Die Sensibilisierung der Menschen, ich denke, das Wichtigste, wenn wir eine Idee in die Tat umsetzen wollen, eine Aktion, die auf die Umwelt abzielt, ich denke, die

> Sensibilisierung, sowohl der Kunden, der Nutzer unserer Dienstleistung, als auch der Mitarbeiter, zu wissen, dass Mülltrennung, Strom- und Wassersparen, die Sensibilisierung der Menschen, meiner Meinung nach ein wichtiger Faktor ist (GH2, 2015).
>
> Es gibt immer Hindernisse, es gibt immer einen gewissen Widerstand, es gibt Leute, die nicht daran glauben, aber dann drücken wir so lange auf die Taste, bis wir zeigen, dass es sich lohnt (GH3, 2015).
>
> Einige Dinge wie "alles, was man tut, um natürlichere Dinge zu kaufen, ist teurer". Zum Beispiel: *LED-Glühbirnen*, Bioprodukte, sie sind immer viel teurer als herkömmliche Produkte, sozusagen (GH4, 2015).

Die befragten Manager nannten als Hauptproblem die Schwierigkeit, das Hotelpersonal für die positiven Praktiken des Umweltschutzes zu sensibilisieren, sowie den Widerstand, den es leisten muss, um seine Aufgaben weiterhin korrekt auszuführen. Ein weiterer Punkt, der genannt wurde, war die Schwierigkeit, natürliche oder verbrauchsarme Produkte zu erwerben, da ihre Kosten nicht attraktiv genug sind, um sie gegen üblicherweise verwendete Produkte auszutauschen.

4.3 AKTIONEN ZUR UMWELTERZIEHUNG

Was die von den untersuchten Hotelunternehmen vorgeschlagenen Maßnahmen zur Umwelterziehung betrifft, so gaben die Befragten an, dass

> Wir haben zum Beispiel Aushänge in den Wohnungen, die die Gäste auffordern, ein Handtuch in einem bestimmten Zimmer zu hinterlassen, wenn sie es wiederverwenden wollen. Und was das Personal betrifft, machen wir auch eine Mutirão, diese Mutirão machen wir alle sechs Monate, alle drei Monate, das hängt von der Periode ab. Bei dieser Mutirão geht es mehr um Bewusstseinsbildung als um Reinigung. Es geht eher darum, das Bewusstsein der Mitarbeiter zu schärfen, wir machen eine Säuberungsaktion im Hotel. Wir sammeln Zigarettenstummel und Flaschendeckel auf, was alle Mitarbeiter einbezieht und sicherstellt, dass sie in Zukunft keine Zigarettenstummel oder anderen Müll in den Garten werfen (GH1, 2015).
>
> Was die Gäste betrifft, so weisen wir sie in dem Zimmer, in dem sie sich aufhalten, also in der Wohnung, darauf hin, dass sie die Handtücher bewusst benutzen, in der Wohnung haben wir Geräte, die den Strom nach einer Minute abschalten, wenn der Gast das Zimmer verlässt. Was die internen Regeln des Hauses betrifft, so wechseln wir zum Beispiel die Wäsche eines Gastes alle drei Tage, nicht jeden Tag wie in anderen Häusern, weil ich dann zwei Bereiche einspare, oder? Zum Beispiel Wasser und Energie, die Kombination von Umwelt und Finanzen (GH2, 2015).

> Ja, wir haben einen Aushang im Badezimmer, um auf die Wiederverwendung von Handtüchern aufmerksam zu machen, damit sie nicht den ganzen Tag in den Waschsalon gehen müssen (GH3, 2015).

> Seit drei Jahren holen wir Leute von NROs, um Vorträge für unsere Mitarbeiter zu halten, denn das schärft das Bewusstsein, so dass sie es auch zu Hause tun können, oder? Selektives Sammeln und solche Dinge (GH4, 2015).

Die Befragten gaben an, dass den Gästen und Kunden der untersuchten Hotels einige Bildungsmaßnahmen angeboten wurden. GH1, GH2 und GH3 gaben an, dass den Kunden vorgeschlagen wurde, ihre Handtücher wiederzuverwenden, um die Wassereinsparungen beim Waschen zu verbessern und die Verwendung chemischer Produkte zu verringern. Auch die Verwendung von Karten, die den Strom in den Zimmern abschalten, wenn die Gäste das Haus verlassen, ist in diesen Organisationen weit verbreitet.

Was die Mitarbeiter betrifft, so erklärte GH1, dass seine Organisation Sensibilisierungs- und Reinigungskampagnen durchführt und die Mitarbeiter dazu bringt, nach und nach keine Abfälle mehr auf den Hotelboden zu werfen. GH2 sagte, dass die Mitarbeiter angehalten werden, die Handtücher der Gäste zu waschen, um Wasser zu sparen. GH3 äußerte sich nicht zu diesem Thema, und GH4 kündigte an, dass Maßnahmen ergriffen werden, wie z. B. Vorträge von Nichtregierungsorganisationen, damit Fachkräfte die Ressourcen am Arbeitsplatz auf der Grundlage von Initiativen, die sie zu Hause ergriffen haben, sinnvoll nutzen können.

Das Engagement aller Beteiligten, von der Geschäftsleitung bis hin zum Betriebspersonal, ist eine wesentliche Voraussetzung für eine gute Wirkung auf das Image des Unternehmens. Zu diesem Zweck ist es wichtig, Praktiken der Umwelterziehung (EE) einzubeziehen, da sie eines der Schlüsselelemente in den Prozessen der Bewusstseinsbildung und der Mobilisierung der Menschen ist, damit sie die besten Maßnahmen für die Nachhaltigkeit entwickeln können, die von der Organisationsleitung geplant werden (GIESTA, 2013).

4.3.1 Ausbildung der Mitarbeiter

Bezüglich der Schulungen, die den Mitarbeitern zu Umweltpraktiken angeboten werden, gaben die Befragten an, dass:

> Ja, wir versuchen immer, das ganze Jahr über Vorträge zu halten, wir halten mindestens einen Vortrag pro Monat zu einem Thema, das wir zu Beginn des Jahres auswählen, und wir haben immer die Umweltfrage als... das Thema der Vorträge (GH1, 2015).

> Junge, wir... wir arbeiten noch speziell an diesem Bereich, der ein neuer Bereich ist, aber wir sprechen immer mit ihnen, noch keine spezifische Ausbildung (GH2, 2015).
>
> Normalerweise halten wir also Vorträge und rufen dann alle zusammen, um sie anzuleiten und ihnen Hinweise zum Wasser- und Energiesparen zu geben (GH3, 2015).
>
> Ja, wir müssen es tatsächlich wieder tun (GH4, 2015).

Zu diesem Thema ist festzustellen, dass es in den untersuchten Hotels an formellen Schulungen für ihre Mitarbeiter in Bezug auf Umweltfragen fehlt. 50 % der Befragten gaben an, dass es keinerlei Schulungen gibt; die anderen 50 % sagten, dass es monatliche (GH1) und sporadische (GH3) Vorträge für Fachleute zu diesem Thema gibt.

Nach Oliveira und Pinheiro (2010) spielt die Ausbildung eine grundlegende Rolle im Umweltmanagement von Organisationen, da sie dazu beiträgt, das Interesse und die Aufmerksamkeit der Fachleute für die Bedeutung der von den Unternehmen vorgeschlagenen Praktiken zu erhöhen, was zu einer Verbesserung ihrer Fähigkeiten und ihres Wissens über die Aspekte führt, die sich direkt und/oder indirekt auf die Umweltleistung der Organisation auswirken, wie z. B. die effiziente Nutzung von Wasser, Energie, Brennstoffen, die optimale Behandlung von Feststoffabfällen usw; sowie die Entwicklung von Führungskräften, die dazu beitragen können, die gewünschten Ergebnisse zu erzielen.

Dieser Mangel an formeller Ausbildung kann für die betreffenden Organisationen eine Reihe von Problemen mit sich bringen, da das fehlende Wissen es den Mitarbeitern erschwert, die Grundsätze eines guten Umweltmanagements, das die Organisation erreichen will, anzuwenden. Die Führungskräfte müssen daher erkennen, dass es notwendig ist, mehr in diese Art von Ausbildung zu investieren, damit ihre Ziele wirksam erreicht werden können.

4.3.2 Methoden zur Reduzierung des Wasserverbrauchs

Auf die Frage, wie der Wasserverbrauch gesenkt werden kann, antworteten die Befragten, dass:

> Ja, wir haben es, wir haben es in den Wohnungen, sie haben die Informationen, damit die Kunden es nicht unnötig verbrauchen. Und heute, Ende letzten Jahres, haben wir auch ein Kontrollsystem in unserem Brunnen installiert, um herauszufinden, wie viel Wasser wir verbrauchen, wie viel wir eingespart haben, damit wir von nun an eine Vorstellung von dieser Kontrolle haben (GH1, 2015).
>
> Die Gäste werden angehalten, ihre Handtücher gewissenhaft zu benutzen, und die

Kleidung der Bewohner wird nur alle drei Tage gewaschen. Alle unsere Mitarbeiter heute, ich kann es sogar so ausdrücken, wir gehen durch ein... und das Hotel ist heute unübertroffen, vom kleinsten bis zum größten Unternehmen, das Wasser verbraucht, wir hatten, wir haben dieses Jahr mehrere schwierige Zeiten durchgemacht, mit dem Mangel an Regen hat unser Brunnen seinen Durchfluss reduziert, CAERN, CAERN selbst hatte vor ein paar Monaten ein ernstes Problem und wir sind wirklich der Situation in unserer Region ausgeliefert, stellen Sie mir die Frage noch einmal. Zusätzlich zu den bereits erwähnten Maßnahmen gibt es einige interne Aktionen, wie z. B. die Reduzierung der Bewässerung von Pflanzen, die Reduzierung der Wäschereistunden, ein Bereich, der viel Wasser verbraucht, also reduzieren wir die Stunden unserer Wäscherei, um mehr Wasser zu sparen, eee... diese anderen Maßnahmen habe ich Ihnen bereits genannt (GH2, 2015).

Nur verbal über Einsparungen, aber dafür gibt es kein System (GH3, 2015).

Ja, es gibt Wasserhähne in den Gästebädern, die mit automatischer Absperrung, nur in den Gästebädern, weil ich sie nicht in den Wohnungen anbringen kann, weil es keine Möglichkeit gibt. Das ist schlecht für den Gast (GH4, 2015).

Aus den Berichten geht hervor, dass die untersuchten Hotels folgende Methoden zur Verringerung des Wasserverbrauchs anwenden: a) die Information der Kunden über die Vermeidung von Wasserverschwendung sowie die Kontrolle der Hotelbrunnen (GH1); b) die bewusste Verwendung von Handtüchern durch die Kunden, damit nicht jeden Tag Wasser für das Waschen der Handtücher verschwendet wird; die Reduzierung des Zeitaufwands für die Benutzung der Waschsalons (GH2); und c) die Installation von automatischen Absperrhähnen in den Gästebädern (GH4).

Das Wasser, mit dem die Hotels versorgt werden, stammt im Allgemeinen vom staatlichen Wasserversorgungsunternehmen RN, wobei Hotel 1 angibt, dass es über einen artesischen Brunnen verfügt, um seine Versorgung zu ergänzen, und Hotel 3 einen Brunnen von einem Bauernhof kauft. Darüber hinaus geben sie an, dass sie die Trinkwasserqualität nicht überwachen, da sie sich auf das vom Wasserversorger gelieferte Wasser verlassen, aber Hotel 3 lässt Proben in Labors untersuchen, da es in der Umgebung des Hotels stehendes Wasser gibt.

Angesichts der Bedeutung und Notwendigkeit von Wasser im organisatorischen Umfeld ist die rationelle Bewirtschaftung der Wassernutzung nicht nur ein staatliches oder öffentliches Thema, sondern auch ein Anliegen der Unternehmen (BICHUETI et al., 2013). Für Lambooy (2011) gibt es eine Reihe von Faktoren, die Unternehmen dazu bewegen, den Wasserverbrauch zu rationalisieren. Der erste ist das Eigeninteresse der Organisation an einer Kostensenkung, die ihr selbst zugutekommt; der zweite ist ihr Image in der

Gesellschaft, die aufmerksamer und sensibler für Umweltfragen geworden ist.

4.3.3 Methoden zur Reduzierung des Energieverbrauchs

Was die Methoden zur Verringerung des Energieverbrauchs betrifft, so haben die Ergebnisse gezeigt, dass:

> Ja, wir nehmen am grünen Siegel von COSERN teil und haben zwei Generatoren im Hotel, die in Spitzenzeiten aktiviert werden, um den Stromverbrauch zu senken (GH1, 2015).
>
> Ja, wir haben bereits erhebliche Einsparungen bei unserer Stromrechnung erzielt. Wir haben in den Austausch aller Glühbirnen im Hotel investiert, Glühbirnen, die viel Energie verbrauchten, und wir haben sie durch LED-Birnen ersetzt, richtig? Und Schilder, um die Kunden, die bei uns übernachten, und auch die Mitarbeiter zu sensibilisieren (GH2, 2015).
>
> Nur verbal über das Sparen von Geld, aber dafür gibt es kein System (GH3, 2015).
>
> Ja, wie ich bereits über die Duschen gesagt habe, und in den Servicebereichen haben wir diese One-Touch-Lichter, die man berührt und die einfach ausgehen. Und in den Sozialbereichen haben wir diese Lampen mit einem Bewegungssensor (GH4, 2015).

Es zeigt sich, dass die befragten Organisationen nur wenige Maßnahmen in Bezug auf den Stromverbrauch ergreifen. Zu den genannten Maßnahmen gehören der Einsatz von Generatoren zu Spitzenzeiten und der Austausch herkömmlicher Glühbirnen durch LEDs.

Der Austausch von Geräten, die mehr Strom verbrauchen, ist eine der wichtigsten Strategien, die von den heutigen Organisationen verfolgt wird (BORGES, 2014). Busse (2010) zeigt, dass Energieeinsparungen für die Organisationen, die dies tun, verschiedene Vorteile mit sich bringen können, indem sie Abfälle vermeiden und die Umwelt schützen, indem sie die Risiken von Umweltauswirkungen wie Abholzung, nukleare Strahlung, steigende Meeresspiegel und den Treibhauseffekt u. a. verringern.

Es muss jedoch noch viel getan werden, um die Energieeffizienz der untersuchten Hotels zu erhöhen. Maßnahmen, die z. B. eine gute Nutzung der Aufzüge beinhalten, so dass die Menschen die Treppen in den unteren Etagen bevorzugen, das unnötige Offenlassen von Kühl- und Gefrierschranktüren verhindern, die maximale Kapazität von Waschmaschinen und Wäschetrocknern ausnutzen, um eine doppelte oder dreifache Nutzung dieser Produkte zu vermeiden, und andere Maßnahmen würden dazu beitragen, den Energieverbrauch zu senken und ein besseres Umweltmanagement zu erreichen.

4.3.4 Abwasserbehandlung und Abfalltrennung

Nach Angaben der Befragten werden die Abwässer in den untersuchten Hotels wie folgt behandelt:

> Ja, wir haben einen... uns wurde auch von einem der Umweltmanager der Stadt geraten, unser eigenes Abwassersystem zu bauen, also haben wir eins gebaut, denn bis dahin hatten wir kein grundlegendes Abwassersystem von der Stadtverwaltung, heute haben wir schon eins, es ist hier vorne, wir werden uns sogar dafür entscheiden, aber vorher hatten wir keins. Also haben wir einen Kanal gebaut, der von der zuständigen Behörde genehmigt wurde (GH1, 2015).

> Öffentliche Abwasserentsorgung. Wir haben keinen Kontakt mit dem Abwasser, es wird direkt in das öffentliche Netz eingeleitet. Hygienisiert (GH2, 2015).

> Das Rathaus bietet bereits eine sanitäre Grundversorgung (GH3, 2015).

> Ich weiß es nicht (GH4, 2015).

In dieser Hinsicht haben sich alle vier Hotels in Bezug auf die Abwasserbehandlung als umweltgerecht erwiesen. GH1 berichtete, dass seine Organisation bereits über ein eigenes Klärsystem verfügte, bevor die Stadt über ein Basissanitärsystem verfügte. Heute ist in den untersuchten Betrieben die Basisabwasserentsorgung die Hauptform der Abwasserbehandlung. Was die Trennung fester Abfälle betrifft:

> Nein, heute nicht, das ist der normale Müll des Hotels, den sammelt das Rathaus, der Müll, der bei Bauarbeiten oder beim Baumschnitt anfällt, wir haben eine Firma, die diesen Müll abholt (GH1, 2015).

> Wir schon. Das Rathaus hat eine getrennte Sammlung, die einmal in der Woche kommt. Wir trennen den Abfall, wir versuchen, unsere Mitarbeiter anzuleiten, den Abfall nach den Regeln zu trennen, und die Stadtverwaltung kommt einmal pro Woche, um Papier, Plastik und andere Dinge zu sammeln (GH2, 2015).

> Wir haben hier nach dem Parkplatz einen Raum mit getrennten Behältern, so dass wir den Müll entsprechend der Norm trennen können (GH3, 2015).

> Wie bereits erwähnt, werden die Abfälle von einer NGO gesammelt, die sie durchläuft, damit sie wiederverwendet werden können (GH4, 2015).

Es zeigt sich, dass die Manager in jedem der untersuchten Hotels um die Trennung fester Abfälle bemüht sind. Sie berichteten, dass sie über Räume zur Lagerung, Trennung und Sammlung von Materialien von Nichtregierungsorganisationen, Unternehmen und der Stadtverwaltung zur Verarbeitung zu Produkten wie Besen und Papierrecycling verfügen, obwohl sie bei der Auslagerung von Dienstleistungen keine Umweltfaktoren berücksichtigen.

Die Bedeutung der Abfalltrennung und ihrer angemessenen Bestimmung liegt darin, dass sie eine Reihe von Vorteilen mit sich bringt, wie z. B. die Erzeugung von Energie, um den wirtschaftlichen Wert dieser Materialien wiederzugewinnen, die Schaffung von Arbeitsplätzen und Einkommen, die Verringerung der Menge an natürlichen Ressourcen, die für die von den Hotelunternehmen erbrachten Dienstleistungen verbraucht werden, und die Notwendigkeit, große Flächen für die Behandlung verschiedener Abfallarten zu belegen (SEBRAE, 2012).

Die Autoren Trung und Kumar (2005) fanden heraus, dass eine Übernachtung in Luxushotels irgendwo auf der Welt zwischen 2,5 und 7,2 kg fester Abfälle pro Gast verursachen kann. Dies gibt den Hotelorganisationen in Mossoró Anlass zur Sorge, denn im Laufe des Jahres, insbesondere im Juni, Juli und Januar, steigt die Zahl der Gäste tendenziell an, wodurch Tonnen von festen Abfällen entstehen.

Laut SEBRAE (2012, S.9) "gibt es für jeden Abfall immer eine geeignetere Bestimmung als die einfache Entsorgung. Von der Wiederverwendung bis zur Energieerzeugung hat alles einen Wert und kann sogar zu einer Einkommensquelle und einem Vektor für neue Unternehmen werden". Diese Aussage unterstreicht, wie wichtig es ist, ein System für die Verarbeitung und/oder Wiederverwendung fester Abfälle in Hotelanlagen zu haben.

4.3.5 Umweltgesetzgebung

In Bezug auf die Umweltgesetzgebung gaben beide befragten Manager an, dass sie sich der Gesetzgebung bewusst sind, was hauptsächlich auf die Leichtigkeit der heutigen Medien zurückzuführen ist, aber kein Manager war in der Lage, mindestens ein geltendes Umweltgesetz zu nennen, und kein befragtes Hotel verfügt über eine Umweltzertifizierung oder ein grünes Siegel. Nur Hotel 3 hat eine IDEMA-Lizenz.

Dies deckt sich mit den Untersuchungen von Ferrari (2006, S. 48), der feststellt, dass "diese Daten eine große Lücke im Beherbergungsgewerbe aufzeigen, nämlich die Unkenntnis der Umweltvorschriften. Es ist wichtig, dass die Umweltmaßnahmen auf der Grundlage von Rechtsvorschriften erfolgen".

Unter diesem Gesichtspunkt ist die Kenntnis der Rechtsvorschriften durch die Führungskräfte von grundlegender Bedeutung für die wirksame Umsetzung eines UMS, d. h. ohne Kenntnisse der Führungskräfte ist die Wahrscheinlichkeit, dass diese Maßnahmen umgesetzt werden, minimal. Nach Ferrari (2006) kann die Effizienz eines Hotels durch die Optimierung des Einsatzes seiner Betriebsmittel, die Verringerung von Abfällen und Rückständen sowie die Einhaltung der Umweltvorschriften verbessert werden.

Schließlich fragten wir nach den Vorteilen, die ein Hotelunternehmen bei der Anziehung von Gästen hat, wenn es nachhaltige Maßnahmen in seine Betriebsabläufe einbezieht, und als Wettbewerbsvorteil stellten wir in den Worten der nachstehenden Manager fest, dass zwei von ihnen, Hotel 1 und 3, glauben, dass die Beibehaltung nachhaltiger Praktiken auf dem Markt, auf dem sie tätig sind, einen Unterschied machen wird.

> Wie ich bereits sagte, geht es um Kostensenkungen, die für das Unternehmen heute extrem wichtig sind, und um das Image des Unternehmens, das auf dem Markt attraktiver wird, weil die Menschen sich dessen bewusst werden, wenn also der Kunde denkt: "Oh, wenn sich dieses Unternehmen um seinen Müll kümmert, dann gehe ich in dieses Hotel". Das ist ein Unterscheidungsmerkmal gegenüber der Konkurrenz (G1, 2015).

> Da jeder diese Kultur oder diese Umwelterziehung hat, ist der Vorteil, den sie hat, meiner Meinung nach zu ihren eigenen Gunsten, richtig, der Vorteil ist, dass sie "gut" aussehen wird. Ich glaube nicht, dass es ein Wettbewerbsvorteil ist (G2, 2015).

> Ich glaube, dass sich die Gäste im Allgemeinen langsam Gedanken über dieses Thema machen. Ich denke, wenn man eine Wahl treffen muss und es keinen Preisunterschied zu einem Konkurrenten gibt, werden sich die Gäste für das Lokal entscheiden, das Maßnahmen zum Schutz der Umwelt ergreift.

Dies steht im Einklang mit Borges et al. (2010), der feststellt, dass Organisationen, um eine größere Wettbewerbsfähigkeit unter den Unternehmen desselben Marktsegments zu erreichen, die Massenmedien nutzen, um ihre verschiedenen Praktiken der nachhaltigen Entwicklung in der Öffentlichkeit, mit der sie zu tun haben, hervorzuheben. Auf diese Weise informieren sie in ihren Nachhaltigkeitsberichten und auf ihren Websites Kunden, Aktionäre, Investoren, Spekulanten, Lieferanten, Mitarbeiter und die Gesellschaft im Allgemeinen nicht nur über die Einhaltung der geltenden Umweltvorschriften, sondern auch über das, was sie über die gesetzlichen Vorschriften hinaus tun, wie z. B. die in ihren Betriebsabläufen angewandten Nachhaltigkeitspraktiken. Diese verantwortungsvolle Haltung sorgt für ein gutes Image der Unternehmen, schont die Umwelt und verschafft ihnen vor allem einen Wettbewerbsvorteil gegenüber ihren Konkurrenten.

4.3.6. Fähigkeiten, Kenntnisse und Einstellungen, die für den Schutz der Umwelt erforderlich sind

Die befragten Manager sind der Ansicht, dass die für den Umweltschutz erforderlichen Fähigkeiten, Kenntnisse und Einstellungen u. a. auf folgenden Faktoren beruhen: abfallarme Produktionsverfahren, Verwendung von Mehrwegbeuteln, selektives Sammeln, Wasser- und Energiesparen und vor allem das Bewusstsein der Menschen, sich um die

Umwelt zu kümmern, um die notwendigen Voraussetzungen für ein gesundes Leben in Harmonie mit einer stabilen Umwelt zu haben.

Aus den Überlegungen der Manager geht hervor, dass keiner von ihnen den Schwerpunkt auf Umweltzertifizierungen legte oder sich auch nur mit Nachhaltigkeit oder Umweltverantwortung befasste und alltägliche Praktiken oder Techniken als Beispiel anführte. Sie konzentrierten sich auch auf einfachere und rudimentärere Möglichkeiten, die Umwelt zu schützen, wie z. B. Wasser- und Energiesparen.

In Anbetracht der in diesem Kapitel erzielten Ergebnisse und Diskussionen wird Tabelle 11 vorgelegt, um das Verständnis für alles, was in diesem Abschnitt erläutert wurde, zu erleichtern.

Tabelle 11 - Zusammenfassung der Ergebnisse der Umfrage.

Kategorien	Analyse auf der Grundlage der Wahrnehmungen der Manager
Umweltmanagement und Nachhaltigkeitspraktiken in den untersuchten Hotelunternehmen	Obwohl sich die Manager der Bedeutung von Umwelt- und Nachhaltigkeitspolitiken und -praktiken bewusst sind, gibt es nach den Erkenntnissen aus den Interview-Skripten nur wenige Initiativen zu deren Umsetzung in den teilnehmenden Hotels.
Vorteile und Hindernisse bei der Umsetzung von Umweltpraktiken	Was die Vorteile anbelangt, so ist festzustellen, dass das Augenmerk der Manager bei der Entwicklung von Umweltpraktiken eher auf der Senkung von Kosten und der Einsparung von Geld liegt. Faktoren wie Steuererleichterungen, Verringerung des Wasser- und Stromverbrauchs. Hinsichtlich der bestehenden Hindernisse konnte festgestellt werden, dass das Hauptproblem darin besteht, dass es schwierig ist, Hotelgäste und Angestellte für die positiven Praktiken des Umweltschutzes zu sensibilisieren, und dass die Durchführung von Umweltmaßnahmen sehr kostspielig ist.
Aktionen zur Umwelterziehung	Es konnte festgestellt werden, dass zu den wichtigsten Maßnahmen zur Steigerung des Umweltbewusstseins nach Ansicht der Manager folgende gehören: in den Hotelanlagen verteilte Aushänge mit Informationen zum Wasser- und Energiesparen sowie der Vorschlag, Handtücher wiederzuverwenden, um beim Waschen Wasser zu sparen, und den Einsatz chemischer Produkte zu verringern. Auch die Verwendung von Karten, die den Strom in den Zimmern abschalten, wenn die Gäste das Hotel verlassen, ist in diesen Organisationen weit verbreitet.
Schulungen für Mitarbeiter	Im Hinblick auf mögliche Schulungen für die Mitarbeiter wurde festgestellt, dass die untersuchten Hotelunternehmen keine formellen Schulungen für ihre Mitarbeiter in Bezug auf Umweltfragen anbieten. Die Hälfte der befragten Manager gab an, dass es keinerlei Schulungen gibt, während die andere Hälfte

	sagte, dass es monatliche und/oder sporadische Vorträge für Fachleute zu diesem Thema gibt.
Klärung von Abwasser und Abtrennung Feststoffabfall	Die Abwasserreinigung in den vier Hotels erfolgt ausschließlich über das von der Stadtverwaltung bereitgestellte Basissanitärsystem. In Bezug auf die Bewirtschaftung fester Abfälle gaben die befragten Manager an, dass sie Räume für die Lagerung, Trennung und Sammlung durch Nichtregierungsorganisationen für die Verarbeitung von Produkten wie Besen und Papierrecycling unterhalten, obwohl sie bei der Auslagerung von Dienstleistungen keine Umweltfaktoren berücksichtigen.
Umweltgesetzgebung	Was die Umweltgesetzgebung anbelangt, so gaben alle befragten Manager an, dass sie über die Gesetzgebung Bescheid wüssten, was vor allem auf die Leichtigkeit der heutigen Medien zurückzuführen ist, aber sie waren nicht in der Lage, Informationen zu irgendeiner Art von Umweltrecht zu geben. Die Hotels verfügen über keinerlei Umweltzeichen oder Zertifizierung.
Fähigkeiten, Kenntnisse und Einstellungen, die für den Schutz der Umwelt erforderlich sind	Die befragten Manager sind der Meinung, dass die für den Umweltschutz erforderlichen Fähigkeiten, Kenntnisse und Einstellungen u. a. auf folgenden Faktoren beruhen: abfallarme Produktionsverfahren, Verwendung von Mehrwegbeuteln, selektives Sammeln, Wasser- und Energiesparen und vor allem auf dem Bewusstsein der Menschen, sich um die Umwelt zu kümmern, um keine verschmutzte Luft, kein verschmutztes Wasser, keine Nahrungsmittelknappheit usw. zu haben.

Quelle: Forschungsdaten (2015).

Die wachsende Bedeutung, die die Verbraucher der Sozial- und Umweltpolitik der Unternehmen beimessen, ist bekannt und erfordert vom Gastgewerbe eine neue Haltung gegenüber diesem Nischenmarkt, der zunehmend an Bedeutung gewinnt. Neue Marketingstrategien müssen das Image der sozial-ökologischen Initiativen der Hotelunternehmen miteinander verbinden, da keines der untersuchten Unternehmen in seinen Werbematerialien auf seine nachhaltigen Praktiken hinweist.

Neben den Hotels mit ihren Gästebewertungsfragebögen sind auch die Websites, die Unterkünfte und Reiseziele bewerten, aufgerufen, ihre Bewertungen um die Frage der sozialen und ökologischen Auswirkungen zu ergänzen, um Gäste und Touristen für die Bedeutung nachhaltiger Tourismuspraktiken zu sensibilisieren.

Zu den Strategien, die von Organisationen, einschließlich der Dienstleistungsanbieter im Gastgewerbe, angewandt werden, um zu konkurrieren und auf dem Markt wettbewerbsfähig zu bleiben, gehört die ständige Suche nach Innovation, die durch umweltfreundliche Praktiken und sozialpädagogische Maßnahmen zur Erhaltung und

Bewahrung der Umwelt erreicht werden kann.

Innovation ist die technische, wirtschaftliche und machbare Lösung eines bestimmten Problems (ZAWISLAK; GAMARRA, 2015). Verschiedene innovative Methoden, darunter Planungsprozesse, die Umweltfragen Vorrang einräumen, wurden als Instrumente zur Verbesserung der Entscheidungsfindung empfohlen und sind nützlich, um mit dem Wandel und den Unwägbarkeiten eines zunehmend anspruchsvollen Marktes umzugehen. Diese Verfahren zielen darauf ab, die Entscheidungsfindung zu verbessern, indem sie den Managern helfen, ihren Horizont zu erweitern und die Ungewissheiten, mit denen sie wahrscheinlich konfrontiert werden, zu erkennen, zu berücksichtigen und darüber nachzudenken.

5 ABSCHLIESSENDE ÜBERLEGUNGEN

Diese Studie war im Wesentlichen qualitativ und deskriptiv, wie es bei Fallstudien der Fall ist, und daher eher auf einer theoretischen Ebene verallgemeinerbar als auf der Ebene der Bevölkerung. Daher hat diese Studie zu Interpretationen der Umweltmanagement- und Nachhaltigkeitspraktiken geführt, die in Hotelbetrieben in der Stadt Mossoró im Bundesstaat Rio Grande do Norte angewandt werden, Analysen, die in Hypothesen umgewandelt werden könnten, die in einer zukünftigen Studie mit einer bevölkerungsbezogenen Stichprobe widerlegt werden könnten.

Wie in dieser Studie erläutert, bestand das Ziel dieser Untersuchung darin, die Wahrnehmung der Manager von Hotelunternehmen in Mossoró, Rio Grande do Norte, in Bezug auf Umweltverantwortung und Nachhaltigkeitspraktiken zu ermitteln. Die Studie verfolgte außerdem die folgenden spezifischen Ziele: Analyse und Beschreibung der Umweltmanagement- und Nachhaltigkeitspraktiken, die von den Managern der wichtigsten Hotelbetriebe in der Gemeinde Mossoró, Rio Grande do Norte, umgesetzt werden; Ermittlung der Vorteile und Herausforderungen bei der Umsetzung von Umweltpraktiken aus Sicht der Manager; Ermittlung von Maßnahmen zur Umwelterziehung und wie diese an die Fachkräfte und Kunden der untersuchten Organisationen weitergegeben werden.

Was das erste spezifische Ziel betrifft, so scheint es in den untersuchten Hotels nur wenige Initiativen zur Umsetzung von Umweltpraktiken zu geben. Mit Ausnahme von GH3, der von einem expliziten Vorschlag für Praktiken in der Organisation, in der er arbeitet, sprach, den er als SEBRAEs "Better Tourism"-Programm bezeichnete, sprachen die anderen Befragten nur implizit über die ergriffenen Maßnahmen, was zeigt, dass sie auf Umweltfragen achten und bereit sind, Vorschläge und Meinungen anzuhören, sich aber nicht dazu äußern, welche Strategien sie in den Organisationen, in denen sie arbeiten, entwickelt haben.

Hinsichtlich der Vorteile und Herausforderungen bei der Umsetzung von Umweltpraktiken wurde festgestellt, dass sich die Aufmerksamkeit der Manager bei der Entwicklung von Umweltpraktiken eher auf die Senkung von Kosten und die Einsparung von Geld konzentriert. Faktoren wie Steuerermäßigung, Handtuchkontrolle, Austausch zentraler Klimaanlagen, die Verwendung von Schlüsselkarten an Türen zum Ausschalten elektrischer Geräte, die Installation von LED-Glühbirnen, Anwesenheitssensoren usw. wurden als Vorteile von Investitionen in solche Maßnahmen genannt.

Was die Hindernisse betrifft, so wiesen die Befragten auf die Schwierigkeit hin, das

Hotelpersonal für positive Umweltschutzpraktiken zu sensibilisieren, sowie auf dessen Widerstand, seine Aufgaben korrekt auszuführen. Ein weiterer Punkt, der genannt wurde, war die Schwierigkeit, natürliche oder verbrauchsarme Produkte zu erwerben, da ihre Kosten kein attraktives Gegengewicht zu den üblicherweise verwendeten Produkten darstellen.

In Bezug auf das dritte spezifische Ziel wurden von den Befragten während der Datenerhebung mehrere Maßnahmen zur Umwelterziehung hervorgehoben, darunter der Vorschlag an die Kunden, ihre Handtücher wiederzuverwenden, um die Wassereinsparungen beim Waschen der Handtücher zu erhöhen. Auch die Verwendung von Karten, mit denen der Strom in den Zimmern abgeschaltet wird, wenn die Gäste das Haus verlassen, ist in diesen Organisationen weit verbreitet. Weitere Maßnahmen richten sich an die Mitarbeiter, z. B. Sensibilisierungs- und Reinigungsgruppen, die die Mitarbeiter dazu bringen, nach und nach keinen Müll mehr auf den Hotelboden zu werfen, die Handtücher der Gäste alle drei Tage zu waschen, um Wasser zu sparen, und Vorträge von Nichtregierungsorganisationen, damit die Mitarbeiter auf der Grundlage von Initiativen, die sie zu Hause ergriffen haben, die Ressourcen auch am Arbeitsplatz sinnvoll nutzen können.

Zusätzlich zu diesen Punkten wurde auch festgestellt, dass die Hotels Maßnahmen zur Reduzierung des Wasser- und Energieverbrauchs sowie zur Abwasserbehandlung und Mülltrennung ergreifen. Die Manager gaben an, dass sie sich mehr um die Einsparung von Wasser und Energie kümmern, da dies für das Hotel die spürbarsten Kosteneinsparungen sind. Zu diesem Zweck führen sie eine Reihe nachhaltiger Praktiken ein, wie z. B. die Einführung von Schlüsselkarten in den Wohnungen und Erinnerungen an die Gäste, Energie zu sparen, sowie den Austausch von Glühbirnen gegen *LED-Birnen*.

Um den Wasserverbrauch zu senken, werden nicht nur visuelle Warnhinweise gegeben, sondern auch die Bettwäsche und die Handtücher der Gäste abwechselnd gewechselt, um den Energieverbrauch und den Wasserverbrauch beim Waschen zu senken. Darüber hinaus geben sie an, feste Abfälle durch selektive Sammlung und Partnerschaften mit Nichtregierungsorganisationen zu entsorgen, die Abfälle für das Recycling sammeln.

Was die Entwicklung von Rechtsnormen zur Nachhaltigkeit in der Hotelbranche betrifft, so ist klar, dass es regulatorische Fortschritte zugunsten von sozialem und ökologischem Nutzen gegeben hat, wie das Beispiel der NBR ISO 14001 zeigt, insbesondere angesichts der Tendenz der brasilianischen Gesetzgeber, sich an den Beispielen von Pionierländern zu orientieren, wenn es um Maßnahmen zur nachhaltigen Entwicklung oder Nachhaltigkeit geht.

Die Schlussfolgerung ist, dass die untersuchten Hotelbetriebe noch einen weiten Weg vor sich haben, wenn es um Umweltpraktiken geht, die auf Nachhaltigkeit ausgerichtet sind. Bislang wurden nur wenige explizite Maßnahmen ergriffen, was zeigt, dass es diesen Unternehmen noch an Initiativen zum Umweltmanagement mangelt. Wir haben auch festgestellt, dass es zwar Aufklärungsmaßnahmen zugunsten der Umwelt gibt, diese aber zaghaft sind, insbesondere im Hinblick auf die Einsparung von Wasser, einer Ressource, die weltweit immer knapper wird.

Aus dem Vergleich und der Analyse der gesammelten Daten geht hervor, dass das Hauptziel der Hotels bei ihren Umweltpraktiken die Senkung der Betriebskosten ist und dass sie Maßnahmen zur Umwelterziehung nicht als Mittel sehen, um sich auf dem Hotelmarkt als wettbewerbsfähig zu erweisen.

Es konnte auch festgestellt werden, dass die Kultur, die zur sozialen Dimension der Nachhaltigkeit gehört, von hundert Prozent der befragten Hotelunternehmen vernachlässigt wurde. Die Manager der befragten Unternehmen haben nur minimale Kenntnisse über Umweltfragen, und der Prozess der Einführung von Umweltpraktiken in den Hotelunternehmen der Stadt steckt noch in den Kinderschuhen. Sie müssen Umweltmanagementsysteme (UMS) einführen oder sogar die rudimentären Praktiken, die sie eingeführt haben, erneuern.

Bei den befragten Hotels handelt es sich um Unternehmen, die sich bereits auf dem Markt etabliert haben, über eine gewisse Stabilität verfügen und daher nicht das Bedürfnis haben, sich immer wieder neu zu erfinden, um neue Kunden zu gewinnen oder gar den Fortbestand der alten Kunden zu sichern.

Abschließend wird vorgeschlagen, künftige Forschungsarbeiten zu diesem Thema durchzuführen, die eine größere Anzahl von Hotelunternehmen einbeziehen und Hotels in der Stadt Mossoró mit größeren Hotels vergleichen, um die Unterschiede in der Umweltpraxis zwischen ihnen zu verstehen. Es werden auch quantitative Studien empfohlen, um Variablen zu messen, die den Herausforderungen eines effektiven Umweltmanagements in Unternehmen entsprechen.

Es ist erwähnenswert, dass es an qualifiziertem Fachpersonal fehlt, um die Einhaltung der Vorschriften des Landes zur Umweltverantwortung zu überwachen und die Überwachung der gesetzlichen Anforderungen an Beherbergungsbetriebe zu verstärken. Dies sind äußerst wichtige Faktoren, die mehr Objektivität und Investitionen seitens der öffentlichen

Hand erfordern, um der Nachfrage der bestehenden und der ständig neu entstehenden Unternehmen gerecht zu werden.

Es besteht auch Bedarf an weiteren Untersuchungen über die Bedeutung von Organisationen, die in Umweltfragen im Tourismussektor investieren, der eine der wichtigsten Triebfedern des brasilianischen Wirtschaftswachstums ist und jedes Jahr Tausende von Touristen aus der ganzen Welt anlockt.

6 REFERENZEN

ABREU, Dora. **"Die illustren grünen Gäste"**. Salvador, Bahia: Casa da Qualität, 2001.

ABNT. Brasilianischer Verband für technische Normen. **NBR ISSO 14004**. Umweltmanagementsysteme: Allgemeine Leitlinien zu Prinzipien, Systemen und Unterstützungstechniken. Rio de Janeiro, 1996.

. **NBR ISSO 14001**. Umweltmanagementsysteme: Anforderungen mit Leitlinien für die Anwendung. 2. Auflage. Rio de Janeiro, 2004.

ALVES, Antônio Romão. Umweltmanagementsystem als Geschäftsstrategie im Hotelgewerbe. **Revista Produçao**. ISSN 1676 - 1901 / Vol. VIII / Num. III / Santa Catarina, 2012.

ANDRADE, José Vicente de. **Turismo**: fundamentos e dimensôes. 8. Auflage. Sâo Paulo: Atica, 2002

ANDRADE, M. B. de; BARBOSA, M. de L. de A.; SOUZA, A. de S. Socio-environmental sustainability in the identity of the Fernando de Noronha archipelago and its influence as a factor in tourism promotion. **Revista de investigación en Turismo y Desarrollo local**. Vol 6, N° 14, S. 1-18, Jun, 2013.

ARAÙJO, L. M.; BRAMWELL, B. Stakeholder assessment and collaborative tourism planning: the case of Brazil's costa dourada project. **Zeitschrift für nachhaltigen Tourismus**, v.7, 1999.

ARAÙJO, Josemery Alves. **Öffentliche Maßnahmen und sozialräumliche Veränderungen im Zusammenhang mit dem Tourismus in der Gemeinde Caicó: eine Analyse des Zeitraums 2000 bis 2010**. 2010 .147 f. Dissertation (Master-Abschluss in Tourismus und

Regionalentwicklung und Tourismusmanagement) - Bundesuniversität von Rio Grande do Norte, Natal, 2010.

BARBIERI, José Carlos. **Betriebliches Umweltmanagement**: Konzepte, Modelle und Instrumente. São Paulo: 2007.

BARDIN, L. **Inhaltsanalyse**. 3. Aufl. rev. und aktuell. Lissabon: Ed. 70, 2004.

BICHUETI, R. S. et al. Strategic management of water use in mineral sector industries. In: VI Meeting of Strategy Studies, Bento Gonçalves, 2013. **Anais...**, EEs, 2013.

BORGES, Fernando Hagihara. Die Umwelt und die Organisation: eine Fallstudie über die Positionierung eines Unternehmens angesichts einer neuen Umweltperspektive. Dissertation (Master-Abschluss - Aufbaustudiengang und Vertiefungsgebiet). Betreuer Prof. Dr. Wilson Kendy Tachibana. São Paulo, 2011.

BORGESA, Ana Paula; ROSAB, Fabricia Silva; ENSSLIN, Sandra Rolim. Freiwillige Offenlegung von Umweltpraktiken: eine Studie über große brasilianische Zellstoff- und Papierunternehmen. **Revista Prodção**. Santa Catarina, 2010.

BRASILIEN: **Verfassung der Föderativen Republik Brasilien**: verkündet am 5 . Oktober 1988. Verfügbar unter: <www.planalto.gov.br/ccivil_03/constituicao/constituicao.htm>. Abgerufen am: 09. Juli 2015.

BUSSE, B. N. **Akademische Texte zur Energieeffizienz**: ein quantitativer Überblick über die letzten 40 Jahre der Forschung. Available at: < http://www.ipog.edu.br/uploads/arquivos/643a591f20914f664adfe660f87903e5.pdf>. Abgerufen am 09. Januar 2016.

CAMARGO, A. Governance für das 21. Jahrhundert. In: TRIGUEIRO, A. **Meio ambiente no século 21**: 21 especialistas falam da questão ambiental nas suas áreas de conhecimento. Rio de Janeiro: Sextante, 2002.

CAON, Mauro Correia. **Umweltmanagement in Hotels**. 2. Aufl. São Paulo: Atlas, 2008.

CARDOSO, Roberta de Carvalho. **Soziale Dimensionen des nachhaltigen Tourismus: Eine Studie über den Beitrag von Badeorten zur Entwicklung lokaler Gemeinschaften**. São Paulo: FGV, 2005. 264f. Dissertation (Doktorat). Wirtschaftshochschule São Paulo, Getúlio Vargas Stiftung, São Paulo, 2005.

CARVALHO, P. Bestimmende Faktoren des internationalen Geschäftstourismus: Eine Literaturübersicht. **XXII Jornadas Luso-Espanolas de Gestión Cientifica**, Vila Real. 2012.

CASTELLI, Geraldo. **Hotel-Management**. 9. Auflage. Caxias do Sul: Educs, 2003.

CASTROGIOVANNI, Alencar C. et al. **Turismo urbano**. 2. ed. Sao Paulo: Contexto, 2001.

CAVALCANTI, C. **Sustentabilidade da economia: paradigmas alternativos de realizaçao econômica**. Sao Paulo: Cortez, 2003.

CAVALCANTI, M. **Gestao social, estratégias e parcerias:** redescobrindo a essência da administração brasileira de comunidades para o terceiro setor. Sao Paulo: Saraiva, 2006.

CHEN, Yin; HUANG, Zhuowei; CAI, Liping A. "Image of China tourism and sustainability issues in Western media: an investigation of National Geographic", **International Journal of Contemporary Hospitality Management**, Vol. 26 Iss: 6, pp. 855 - 878, 2014.

CNTUR, Nationaler Verband für Tourismus. **Nachhaltiger Tourismus**. Verfügbar unter: <http://www.cntur.com.br/turismo_sustentavel.html>. Abgerufen am: 23. Juni 2015.

CoHEN, Erik. Die **Soziologie des Tourismus neu denken**. Annals of Tourism Research, v.6, n.1, 1979.

COOPER, Cyrus. et al. **Tourism principles and practices**. 3. Auflage. Porto Alegre: Brookman, 2007.

CORSI, E. **Historisches und kulturelles Erbe**: eine neue Perspektive für städtische und ländliche Gebiete durch nachhaltigen Tourismus. Uberlândia: Caminhos da Geografia v. 5, n.11, 2004.

COUTINHO, Leandro. Spezial über mittelgroße Städte, in denen die Zukunft angekommen ist. **Veja**, Sao Paulo: n. 2180, 01 Sep. 2010.

CRESWELL, John W. **Forschungsprojekt**. Porto Alegre: Artmed, 2010.

CRUZ, Rita de Cassia Ariza. **Einführung in die Geographie des Tourismus**. Sao Paulo: Roca, 2001.

DALFOVO, Michael Samir; LANA, Rogério Adilson; SILVEIRA, Amélia. Quantitative und qualitative Methoden: ein theoretischer Überblick. **Revista Interdisciplinar Cientifica Aplicada**, Blumenau, v.2, n.4, p.01- 13, Sem II. 2008.

DAVID, L. Tourismusökologie: Auf dem Weg zu einem verantwortungsvollen, nachhaltigen Tourismus der Zukunft. **Worldwide Hospitality and Tourism Themes**, Vol. 3 Iss: 3, pp.210 - 216, 2011.

DEERY, Gold Coast; FREDLINE, Jago L. **CRC for Sustainable Tourism**, L. A. framework for the development of social and socioeconomic indicators for sustainable tourism in communities. 2005.

DENZIN, N. K.; LINCOLN, Y. S. The discipline and practice of qualitative research. In:

DENZIN, N. K.; LINCOLN, Y. S. **Planning qualitative research:** Theories and approaches. Porto Alegre: Artmed, 2006.

DIAS, Reinaldo. **Umweltmarketing:** Ethik, soziale Verantwortung und Wettbewerbsfähigkeit in der Wirtschaft. Sao Paulo: Atlas, 2008.

. **Umweltmanagement**: Soziale Verantwortung und Nachhaltigkeit. Sao Paulo: Atlas, 2009.

. **Gestao ambiental**: responsabilidade social e sustentabilidade. 2. ed. Sao Paulo: Atlas, 2011.

DIANE, Lee; JENNIFER, Laing. **Environmental Management**, Vol. 48 Issue 4, p 734 - 749. 16 p. Okt. 2011.

DIEHL, Astor Antonio. **Forschung in den angewandten Sozialwissenschaften**: Methoden und Techniken. Sao Paulo: Prentice Hall, 2004.

DIEHL, Astor Antonio. **Forschung in den angewandten Sozialwissenschaften**: Methoden und Techniken. Sao Paulo: Prentice Hall, 2004.

DONAIRE, Denis Jùnior. **Umweltmanagement im Unternehmen**. 2. Auflage. Sao Paulo, Atlas, 2012.

EMBRATUR, Brasilianisches Institut für Tourismus. **Hotels**. Verfügbar unter: <http://www.embratur.gov.br/>. Abgerufen am: 25. Juni 2015.

FERRARI, Patricia Flôres. Umweltwahrnehmung von Hotelmanagern: eine Fallstudie in Caxias do Sul (RS). Caxias do Sul: 2006.

FREDLINE, E. & Faulkner, B. Host **Communities Reactions: A Cluster Analysis**. **Annals of Tourism Research**, 27, (3), 763-784, 2005.

FREITAG, Thomas. Entwicklung des Enklaventourismus: Für wen lohnt sich das? **Annals of Tourism Research**, v.21, n. 3, 1994.

FOURASTIÉ, Jean. **Freizeit und Tourismus**. Rio de Janeiro: Salvat, 1979.

GAIA, Alexandre de Avila. **Eine Methode zur Verwaltung von Umweltaspekten und -auswirkungen**. Florianópolis: UFSC, 2001. Dissertation (Doktorat) in Produktionstechnik - Bundesuniversität von Santa Catarina.

GARROD, B; FYALL, A. Beyond the rhetoric of sustainable tourism? **Tourismus-Management**. Vereinigtes Königreich: Elsevier Science, v. 19, n. 3, 1998.

GIESTA, Lilian Caporlingua. Nachhaltige Entwicklung, soziale Verantwortung der Unternehmen und Umwelterziehung im Zusammenhang mit organisatorischer Innovation: Überprüfung der Konzepte. **Revista adm. UFSM**, Santa Maria, v. 5, Sonderausgabe, S. 767 - 784, dec 2013.

GODOI, C. K.; BANDEIRA-DE-MELLO, R.; SILVA, A. B. da (Org.). **Qualitative**

Forschung in Organisationsstudien: Paradigmen, Strategien und Methoden. Sao Paulo: Saraiva, 2006.

GONÇALVES, Luiz Claudio. **Umweltmanagement in Beherbergungsbetrieben.** Sao Paulo: Aleph, 2004.

HARRINGTON, H. James; KNIGHT, Alan. **Die Bedeutung von ISO 14000**: Wie Sie Ihr UMS wirksam aktualisieren können. Sao Paulo: Atlas, 2001.

IBGE - BRASILIANISCHES INSTITUT FÜR GEOGRAPHIE UND STATISTIK. **Volkszählung**

Demographic, 2014. Verfügbar unter: <www.ibge.gov.br>. Abgerufen am: 10. Juli 2015.

IGNARRA, Luiz Renato. **Grundlegende Konzepte des Tourismus**. 2. überarbeitete Auflage. Sao Paulo: Thomson, 2003.

INTERNATIONALE ORGANISATION FÜR NORMUNG. **ISO 14001**. Umfrage.

ISOCentral Sekretariat, Schweiz, 2012. Verfügbar unter: <http://www.iso.org/iso/home.html>. Abgerufen am: 20. Juni 2015.

IVARS, J. A. **Tourismusplanung für regionale Gebiete**. Madrid: Sintesis, 2003.

IVANOV, Stanislav. "Tourism and Poverty", **International Journal of Contemporary Hospitality Management**, Vol. 24 Iss: 4, pp.674 - 676, 2012.

KO, T. G. "Development of a tourism sustainability assessment procedure: a conceptual approach", **Tourism Management**, Vol. 26 No. 3, S. 431 - 445. (2005).

KOHLRAUSCH, Aline K. **Umweltkennzeichnung ALS Beitrag zur Bildung bewusster Verbraucher**. Dissertation (Master in Produktionstechnik). Bundesuniversität von Santa Catarina - UFSC. Florianópolis, 2003.

KOROSSY, Nathâlia. Vom Raubtourismus zum nachhaltigen Tourismus: ein Überblick über die Entstehung und Konsolidierung des Nachhaltigkeitsdiskurses im Tourismus. **Caderno virtual de turismo**. Rio de Janeiro, v. 8, n. 2, S. 1-13. 2008.

LANFANT, M.; GRABURN, N.H.H. International tourism reconsidered: the principle of the alternative. In: SMITH, V.L.; EADINGTON, W.R. (Eds). **Tourism alternatives**: potentials and problems in the development of tourism. Philadelphia: University of Pennsylvania Press and the International Academy for the Study of Tourism, 1992.

LEA, John. **Tourismus und Entwicklung in der Dritten Welt**. London: Routledge, 1988.

LIU, A.; WALL, G. Planning tourism employment: a developing country perspective. **Tourismusmanagement**, 27, S. 159-70, 2006.

LUZ, C. A.; VIÉGAS, J. F.; FORNARI FILHO, P. Nachhaltigkeit: ein Beispiel für grundlegende Einstellungen von Managern, um nachhaltiges Management in Unternehmen zu praktizieren. **Revista Borges,** v. 04, n. 01,2014.

MALHOTRA, Naresh K. **Marketing research**: an applied orientation. 3. Auflage. Porto Alegre: Bookman, 2001.

MALTA, Maria Mancuello; MARIANI, Milton Augusto Pasquotto. Fallstudie zur Nachhaltigkeit bei der Verwaltung von Hotels in Campo Grande, MS. **Revista Turismo Visao e Açao.** Mato Grosso do Sul, v. 15, n. 1, p. 112-129, jan-abr. 2013.

MARTINS, G. A.; THEÓPHILO, C. R. **Metodologia da investigaçâo cientifica para ciências sociais aplicadas.** Sao Paulo: Atlas, 2007.

MATTAR, Fauze Najib. **Marketingforschung**: Kompaktausgabe. 5. Aufl. v.1, Sao Paulo: Editora Atlas, 1999.

MEBRATU, D. Sustainability and Sustainable Development: Historical and Conceptual Review. Environmental Impact Assessment Review, v. 18, S. 493 - 520, 19988.

MEDEIROS, L. C.; MORAES, P. E. S. Tourism and environmental sustainability: references for the development of sustainable tourism. **Zeitschrift für Umwelt und Nachhaltigkeit.** V. 3, n. 2, pp. 198-234, 2013.

MINISTERIUM FÜR TOURISMUS. Nationaler Tourismusplan 2013 - 2016. "Der **Tourismus leistet viel mehr für Brasilien".** Brasilia, 2014.

McCOOL, Stephen F.; MOISEY, Niel R. **Tourism, recreation, and sustainability**: linking culture and the environment. Wallingford: CAB International, 2001.

MOSSORÓ. **Tourismus, 2015**. Verfügbar unter: <www.prefeiturademossoro.com.br>. Abgerufen am: 15. Juli 2015.

MORAES, R. Inhaltsanalyse. **Revista Educaçâo.** Porto Alegre, v. 22, n. 37, S. 7-32, 1999.

OLIVEIRA, O. J.; PINHEIRO, C. R. M. S. Implementation of ISO 14001 environmental management systems: a contribution from the people management area. **Gestâo da Produçâo,** v. 17, n. 1, S. 51-61, 2010.

UNWTO - Welttourismusorganisation. **Einführung in den Tourismus.** Sao Paulo: Roca, 2015.

PANATE, Manomaivibool. **Ressourcen, Konservierung und Recycling**. Vol. 103, p. 69 - 76. 8p. Oct, 2015.

PEARCE, Philip. **Die Beziehung zwischen Einwohnern und Touristen**: Forschungsliteratur und Managementleitlinien. In: THEOBALD, W. F. (Hrsg.). Globaler Tourismus. Sao Paulo: Editora SENAC, 2001.

PETROCCHI, M.; Bona, A. **Tourismusagenturen**: Planung und Management. 3. Auflage. Sao Paulo: Ed. Futura, 2003

PIRES, Fernanda. **Wissensmanagement angewandt auf nachhaltiges Tourismusmanagement in Nationalparks**. Dissertation, 2010.

PNT - NATIONALES TOURISMUSPROGRAMM. **Brasilianisches Tourismus-BIP**. Verfügbar unter: < http://www.turismo.gov.br>. Abgerufen am: 23. August 2015.

PORTAL - PORTAL DA COSTA BRANCA. **Geschichte**. Verfügbar unter: <www.portalcostabranca.com>. Abgerufen am: 14. Juli 2015.

ZERTIFIZIERUNGSPROGRAMM FÜR NACHHALTIGEN TOURISMUS - **NIH-54** - Nationaler Standard für Beherbergungsbetriebe - Anforderungen an die Nachhaltigkeit - Hospitality Institute, 2004.

ROSVADOSKI-DA-SILVA, P.; GAVA, R. E.; DEBOÇA, L. P. Wirtschaftsstruktur und Tourismus: lokale versus außerlokale Dominanz im Bezirk Lavras von Ouro Preto (Minas Gerais, Brasilien). **Zeitschrift für Tourismus und Entwicklung**, 4(21/22), S. 75-83, 2014.

RUDIO, Franz Victor. **Einführung in das Forschungsprojekt**. Petrópolis: Vozes, 1999.

RUSCHMANN, Doris Van de Meene. **Nachhaltiger Tourismus**: Schutz der Umwelt. São Paulo: Papirus, 1997.

. **Tourismus und nachhaltige Planung:** Schutz der Umwelt. Campinas: Papirus, 2008.

SANTOS, J. G.; CHAVES, J. L. A. Sozio-ökologische Verantwortung: eine Studie über Hotels in Gravatá- PE. In: XVI ENGEMA (International Meeting on Business Management and the Environment). São Paulo, 2014. **Proceedings...**

SEBRAE-MS. **Bewirtschaftung fester Abfälle:** eine Chance für Kommunalentwicklung und für Kleinst- und Kleinunternehmen – São Paulo: Instituto Envolverde. Ruschel & Associados, 2012.

SOUSA, J.F.; FONSECA, C. C. **Projeto de Assistência Tècnica Juridica no Dominio da Reforma Portuària**, 10 June, 2013.

SWARBROOKE, John. **Nachhaltiges Tourismusmanagement**. Wallingford: CAB International, 1999.

TACHIZAWA, Takeshy. **Umweltmanagement und soziale Verantwortung von Unternehmen**. Sao Paulo: Atlas, 2008.

TRUNG, D.N.; KUMAR, S. **Resource use and waste management in Vietnam hotel industry**. J. Cleaner Prod., 13 (2005), S. 109-116, Artikel, 2005.

TUNG, R.L. & AYCAN, Z. Key success factors and indigenous management practices in SMEs in emerging economies. **Journal of World Business**, 43, S. 381-384, 2008.

VALLE, Cyro Eyer. **Umweltqualität**: Wie man wettbewerbsfähig ist und gleichzeitig die Umwelt schützt: (wie man sich auf die ISO 14000-Normen vorbereitet). Sao Paulo: Pioneira, 1995.

VARUM, Celeste Amorim; MELO Carla; ALVARENGA António; CARVALHO Paulo Soeiro de, (2011) "Scenarios and possible futures for hospitality and tourism", **Foresight**, Vol. 13 Iss: 1, pp.19 - 35.

VERGARA, S. C. **Métodos de pesquisa em administraçao**. 2. ed. Sao Paulo: Atlas, 2006.

WALPOLE, M. J.; GOODWIN, H. J. **Lokale wirtschaftliche Auswirkungen des Drachentourismus in Indonesien Annals of Tourism Research**, v.27, n.3, 2000.

WHEELLER, Brian. **Tourism's troubled times**: responsible tourism is not the answer. Tourismus-Management, v.12, n.2, 1991.

WTO. Welttourismusorganisation. **Tourismus**. Verfügbar unter: <www.2.unwto.org>. Abgerufen am: 25. Juni 2015.

WORLD TRAVEL & TOURISM COUNCIL (WTTC) - **Zusammenfassung der Rangliste**. London, 2015.

WTTC, World Travel & Tourism Council. 2011. **The economic impact of travel and tourism**. Verfügbar unter: <http://www.wttc.org/bin/pdf/original_pdf_file/world.pdf> Zugriff am: 25. Juni 2015.

YIN, R. K. **Fallstudie:** Methodenplanung. Porto Alegre: Bookman, 2005.

ZAWISLAK, P. Antônio; GAMARRA, José E. T. The Importance of Specific Assets in the Differentiation of Firms in the Hotel Sector. **Revista Economia & Gestâo**, v. 15, S. 79-111, 2015.

7 ANHÄNGE

ANHANG A - Einverständniserklärung für die befragten Unternehmen

POTIGUAR UNIVERSITÄT - UnP

POSTGRADUIERTENSTUDIENGANG IN VERWALTUNG - PPGA

PROFESSIONELLER MASTERSTUDIENGANG IN VERWALTUNG - MPA

Student des Masterstudiengangs: Francisco Tomaz Pacifico Júnior

freie und eindeutige Einverständniserklärung

Das Hotel ist eingeladen, sich an dieser

Das allgemeine Ziel dieser Untersuchung ist es, die Wahrnehmung von Hotelmanagern in Mossoró/RN angesichts eines Szenarios von Corporate Environmental Responsibility und Nachhaltigkeitspraktiken zu ermitteln. Die Wahl des Themas ergab sich aus dem Interesse an der Ermittlung der von den Hotels praktizierten Umweltmanagementmaßnahmen angesichts dieses Szenarios wachsender Sorge um die Umwelt. Die Untersuchung wird in zwei Phasen durchgeführt. In der ersten Phase wird der Manager befragt. In der zweiten Phase werden Fragebögen an die Mitarbeiter des Hotels verschickt. Alle gesammelten Informationen, sowohl im Fragebogen als auch im Interview, werden nur vom Forscher verwendet, um die Ziele der Studie zu erreichen, und werden streng vertraulich behandelt, um die Vertraulichkeit und Privatsphäre der Teilnehmer an der Studie zu gewährleisten. Zu keinem Zeitpunkt, auch nicht während der Untersuchung, wird der Name des Hotels oder der Teilnehmer genannt. Die Daten können unter Wahrung der Anonymität der Teilnehmer bei wissenschaftlichen Sitzungen und Debatten verwendet und veröffentlicht werden. Durch die Teilnahme an dieser Untersuchung erhalten Sie keinen direkten Nutzen. Es ist jedoch zu hoffen, dass diese Untersuchung zu wichtigen Überlegungen über Umweltpraktiken in Hotelbetrieben führen wird. Wenn die Organisation es für nötig hält, kann sie weitere Informationen über die Forschung anfordern, indem sie sich an den Forscher und/oder die Bildungseinrichtung wendet, an die er angeschlossen ist.

Ich erkläre

dass ich als Vertreter des _____CNPJ in freier und informierter Weise über die Ziele und Verfahren der Forschung informiert bin:

Ich bekunde mein Interesse, an der Forschung teilzunehmen.

Unterschrift der für die untersuchte Organisation verantwortlichen Person

Unterschrift des verantwortlichen Forschers

Mossoró, _____ 2016 _____.

ANHANG B - INTERVIEW-SKRIPT FÜR MANAGER

M A UP
Mestrado
ADMINISTRAÇÃO

POTIGUAR UNIVERSITÄT - UnP

POSTGRADUIERTENSTUDIENGANG IN VERWALTUNG - PPGA

PROFESSIONELLER MASTERSTUDIENGANG IN VERWALTUNG - MPA

Student des Masterstudiengangs: Francisco Tomaz Pacifico Júnior

Identifizierung des Hotels

Name: _____

Anzahl der Zimmer: Anzahl der Betten:

Jährliche Belegungsrate:Anzahl der Beschäftigten:

Was ist der Auftrag des Unternehmens? _____

Wie viele und welche Bereiche gibt es in dem Hotel?

Fragen

1. Wie lässt sich die Einbindung der Unternehmensleitung in den Prozess der Einführung und Aufrechterhaltung von Umweltpraktiken beschreiben?

2. Was ist der Hauptunterschied zwischen diesem Hotel und anderen Hotelketten in Brasilien? _____

3. Hatten Sie schon einmal die Idee, eine positive Einstellung zur Umwelt zu entwickeln? Wenn ja, warum?

5. Was sind die wichtigsten Vorteile der Einführung von Umweltpraktiken in Hotels?

6. Was waren die größten Hindernisse für die Einführung von Umweltpraktiken? __

7. Kennen Sie die Umweltvorschriften?

( ) Ja. Welche Gesetze? _____

( ) Nein.

8. Tut Ihr Hotel etwas, um Gäste und Mitarbeiter für Umweltfragen zu sensibilisieren?

Wenn ja, für wie lange und wie oft?

Wenn nicht, warum nicht? _____

9. Welche Mittel werden zur Sensibilisierung eingesetzt?

( ) Plakate ( ) *Websites* ( ) Prospekte ( ) Naturlehrpfade ( ) Andere, welche?

10. Erhalten die Mitarbeiter Schulungen zu Umweltthemen? Welche und wie oft? _

11. Können Sie uns sagen, woher das Wasser kommt, das Ihr Hotel versorgt?

( ) Kommunale öffentliche Dienstleistungen ( ) Artesische Brunnen ( ) Andere

12. Wird die Trinkwasserqualität des Hotels überwacht?

Wenn ja, welche(r)? _____

Wenn nicht, warum nicht? _____

13. Wendet Ihr Hotel Methoden zur Reduzierung des Wasserverbrauchs an?

Wenn ja, welche(r)? _____

Wenn nicht, warum nicht? _____

14. Wendet Ihr Hotel Methoden zur Reduzierung des Energieverbrauchs an?

Wenn ja, welche(r)? _____

Wenn nicht, warum nicht? _____

15. Werden die Abwässer Ihres Hotels in irgendeiner Weise behandelt?

( ) Ja, warum? _____

( ) Nein, warum? _____

16. Trennt Ihr Hotel feste Abfälle?

( ) Ja, wie? _____

( ) Nein. Warum nicht? _____

17. Wissen Sie, wohin die in Ihrem Hotel anfallenden festen Abfälle gelangen?

( ) Ja, welche(r)? _____

( ) Nein.

18. Berücksichtigt Ihr Hotel Umweltfaktoren, wenn es seine Dienstleistungen auslagert?

( ) Ja. Welche Faktoren? _____

Warum? _____

( ) Nein. Warum nicht? _____

19. Welche Fähigkeiten, Kenntnisse und Einstellungen sind erforderlich, um die Umwelt zu schützen? _____

Printed by Books on Demand GmbH, Norderstedt / Germany